高等职业学校"十四五"规划智能制造专业群特色教材

AutoCAD 实用教程

主　编　姜明珠　周美蓉　陈　楠

副主编　（排名不分先后）

　　　　王　娟　刘小娟　张　红　张春霞

　　　　齐　耀　楼倩倩　潘立业

参　编　薄关锋　徐　创　郧　鹏

U0333481

华中科技大学出版社

中国·武汉

内 容 提 要

本书按照工程设计的顺序系统地介绍了 AutoCAD 的命令及应用,内容包括图形绘制及编辑、图案填充、注写文字、标注尺寸、几何约束与标注约束、创建块及属性、图形输出打印、三维实体建模及编辑、三维实体渲染、常见问题及快捷命令汇总等。通过本书的学习,可以轻松地掌握 AutoCAD 软件并应用其进行实际的工程图绘制。此外,书末配有专项训练,可以根据个人需要有针对性地练习。

本书可作为大、中专院校及社会培训机构相关课程教学的教材,同时也可以作为 AutoCAD 爱好者的自学用书。

图书在版编目(CIP)数据

AutoCAD 实用教程/姜明珠,周美蓉,陈楠主编. —武汉:华中科技大学出版社,2021.5
ISBN 978-7-5680-7103-1

Ⅰ. ①A… Ⅱ. ①姜… ②周… ③陈… Ⅲ. ①AutoCAD 软件-教材 Ⅳ. ①TP391.72

中国版本图书馆 CIP 数据核字(2021)第 082146 号

AutoCAD 实用教程   姜明珠 周美蓉 陈 楠 主编
AutoCAD Shiyong Jiaocheng

策划编辑:余伯仲
责任编辑:吴 晗
封面设计:刘 婷
责任监印:周治超
出版发行:华中科技大学出版社(中国·武汉)   电话:(027)81321913
　　　　　武汉市东湖新技术开发区华工科技园   邮编:430223
录　排:华中科技大学惠友文印中心
印　刷:武汉开心印印刷有限公司
开　本:787mm×1092mm 1/16
印　张:17
字　数:430 千字
版　次:2021 年 5 月第 1 版第 1 次印刷
定　价:49.80 元

前　言

　　AutoCAD 是由美国 Autodesk 公司开发的绘图软件。此软件绘图简单、易学、出图方便，深受广大绘图者欢迎。本书按照工程设计的顺序系统地介绍了 AutoCAD 的命令及应用，内容详尽，适合初学者使用。

　　本书具有以下特点。

　　(1) 知识体系完整。本书对 AutoCAD 的命令进行了全面解读，并对常用命令做了详细介绍。

　　(2) 紧密结合机械制图的标准和相关工程实例。

　　(3) 以实用为原则，对绘图者常遇到的问题进行解答。

　　(4) 参加编写的全部是长期从事高职高专 AutoCAD 教学的一线教师，他们将多年教学经验融入了本教材。

　　参加本教材编写的有：广东松山职业技术学院姜明珠(项目三)，湖南永州职业技术学院周美蓉(项目一)，咸宁职业技术学院陈楠(项目六)，重庆航天职业技术学院王娟(项目五)，中山职业技术学院刘小娟(项目四、项目七、项目九)，中山职业技术学院张红(项目八、项目十一)，济南工程职业技术学院张春霞(项目二)，浙江江山中等专业学校齐耀(项目十)，广东松山职业技术学院楼倩倩、潘立业(专项训练)。另外，许昌职业技术学院薄关锋、广东松山职业技术学院徐创、广州科技职业技术大学隗鹏参与了书稿的整理工作。全书由姜明珠负责统稿。

　　由于编者水平有限，书中难免有错误和不足之处，恳请广大读者批评指正。

编　者

2020 年 12 月

目　　录

项目一 AutoCAD 的基础知识和基本操作

学习目标

掌握如何安装 AutoCAD 软件及熟悉其工作界面。

知识要点

(1) AutoCAD 的基本概念和基本操作,包括如何安装、启动 AutoCAD。

(2) AutoCAD 工作界面的组成及其功能,设置个性工作界面。

(3) AutoCAD 命令及其执行方式。

(4) 图形文件管理,包括新建图形文件、打开已有图形文件、保存图形文件、关闭图形文件;用 AutoCAD 绘图时设计中心的应用。

(5) AutoCAD 的帮助功能。

绘图技巧

设置方便自己绘图的工作界面可以提高绘图效率。

任务一 安装、启动 AutoCAD

1. 安装 AutoCAD(以 2020 版本为例)

AutoCAD 的安装步骤如下。

(1) 下载安装包并右键解压安装包,如图 1.1 所示。

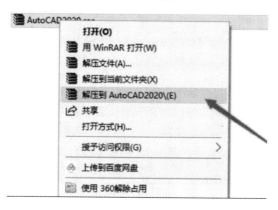

图 1.1 解压安装包

（2）解压后，右键单击安装文件，在弹出的快捷菜单中选择"以管理员身份运行"的方式运行安装包，如图 1.2 所示。

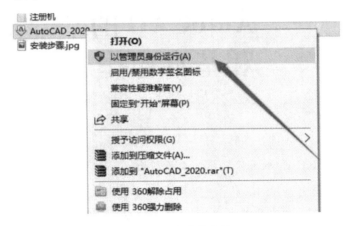

图 1.2 运行安装文件

（3）单击弹出的对话框中的"确定"按钮，如图 1.3 所示，等安装文件解压完成，自动跳出下一个安装界面。

图 1.3 选择解压路径

（4）在弹出的安装界面单击"安装"，如图 1.4 所示。

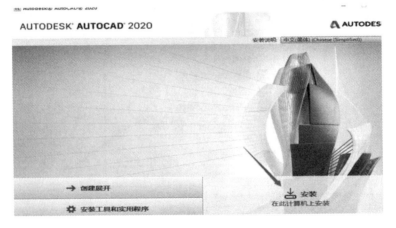

图 1.4 AutoCAD 安装界面

（5）点选"我接受"选项，单击"下一步"按钮，如图 1.5 所示。

图 1.5　AutoCAD 中文版窗口

（6）选择安装目录，单击"安装"按钮，如图 1.6 所示。

图 1.6　选择 AutoCAD 安装路径

（7）安装进行中的界面如图 1.7 所示。

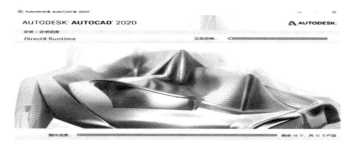

图 1.7　AutoCAD 安装进行中

（8）安装完成后的界面如图 1.8 所示，安装完成后启动计算机。

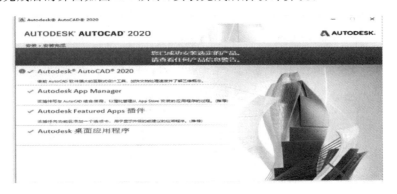

图 1.8　AutoCAD 安装完成界面

（9）运行 AutoCAD，选择"单用户"，单击"输入序列号"，如图 1.9 所示。

图 1.9　AutoCAD 单用户

（10）在弹出的隐私声明界面中，单击"我同意"按钮，如图 1.10 所示。

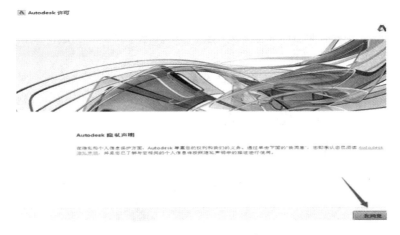

图 1.10　AutoCAD 隐私声明

（11）在弹出的产品许可激活界面中，单击"激活"按钮，如图 1.11 所示。

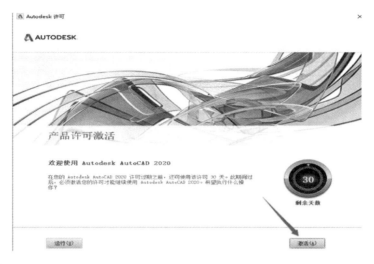

图 1.11　AutoCAD 激活界面

（12）在弹出的输入序列号和产品密钥的界面中输入序列号和密钥，单击"下一步"按钮，如图 1.12 所示。

图 1.12　输入 AutoCAD 序列号和密钥

（13）出现产品注册与激活提示时，单击"关闭按钮"，如图 1.13 所示。

图 1.13　AutoCAD 注册与激活界面

（14）关闭产品注册与激活界面后会自动回到图 1.11 所示的激活界面,这时请重新操作第（11）（12）步即可出现如图 1.14 所示窗口。

图 1.14　输入激活码

（15）返回安装包,以管理员身份运行的方式打开"注册机"文件夹,如图 1.15 所示。如没有出现"注册机"文件夹,请关闭杀毒软件及防火墙。

图 1.15　以管理员身份运行的方式打开"注册机"文件夹

（16）将申请号复制到"Request"框内,单击"Patch",在弹出的对话框单击"确定"按钮,如图 1.16 所示。

图 1.16　输入申请号

（17）单击"Generate"生成激活码,将得到的激活码使用复制快捷键 Ctrl＋C 复制,然后使用粘贴快捷键 Ctrl＋V 粘贴到软件的激活码输入框中,再单击"下一步"按钮,如图 1.17 所示。

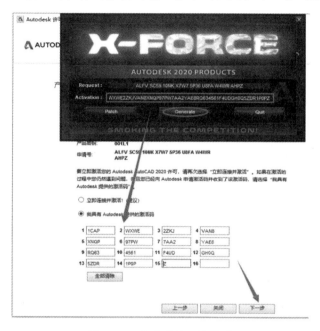

图 1.17　生成激活码并粘贴

（18）成功激活,单击"完成"按钮,如图 1.18 所示。

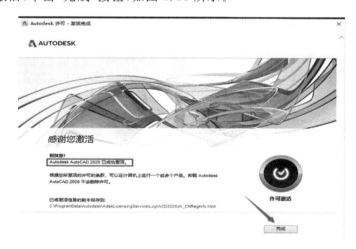

图 1.18　安装完成并激活

2. 启动 AutoCAD

启动 AutoCAD 有以下四种方式。

（1）双击桌面上的"AutoCAD"快捷方式图标。

（2）单击"开始"→"所有程序"→"Autodesk"→"AutoCAD"。

（3）打开"我的电脑"→文件安装目录→双击 AutoCAD 文件夹→双击"ACAD.exe"程序。

（4）双击计算机中已经存盘的任意一个后缀名为 dwg 的文件。

任务二　AutoCAD 的工作空间及 经典工作界面介绍

1. AutoCAD 的工作空间

（1）工作空间切换方法。

方法 1：如图 1.19 所示，单击界面右下角状态栏上的"切换工作空间"按钮 ⚙，弹出 AutoCAD 对应的工作界面菜单，从中选择对应的绘图工作空间。

图 1.19　切换工作空间按钮

方法 2：如图 1.20 所示，在经典界面下，单击界面上方的"切换工作空间"按钮，从弹出的菜单中选择相应的工作空间。

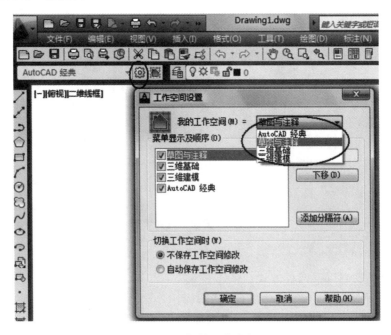

图 1.20　切换工作空间

方法 3：利用菜单切换工作空间。如图 1.21 所示，在经典界面下，单击"工具"→"工作空间"。

图 1.21　利用工具菜单切换工作空间

（2）AutoCAD 中文版工作空间样式。

　　AutoCAD 的工作空间共有 4 种样式，分别是草图与注释界面（见图 1.22）、三维基础界面（见图 1.23）、三维建模界面（见图 1.24）。

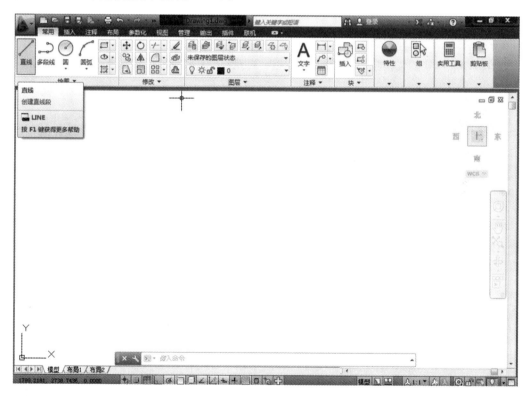

图 1.22　草图与注释界面

2. AutoCAD 经典工作界面介绍

　　AutoCAD 2020 延续旧版本的经典工作界面，如图 1.25 所示，AutoCAD 经典工作界面由标题栏、菜单栏、工具栏、绘图窗口、命令行、状态栏、工具选项板和菜单浏览器等组成。

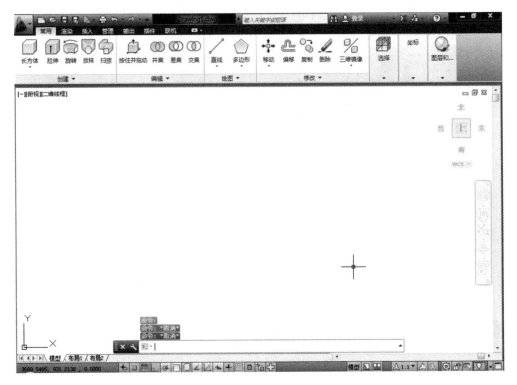

图 1.23 三维基础界面

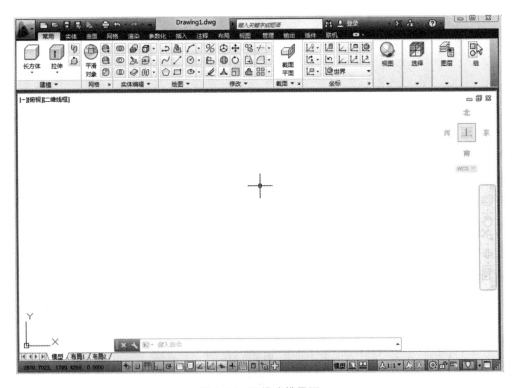

图 1.24 三维建模界面

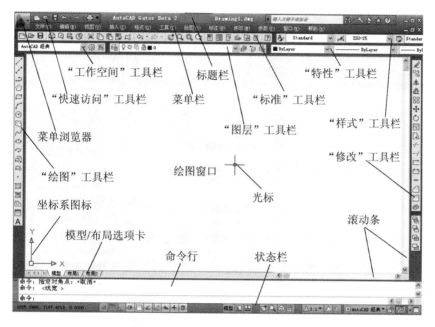

图 1.25　AutoCAD 经典工作界面

1）标题栏

标题栏在工作界面的最上方，与其他 Windows 应用程序类似，用于显示 AutoCAD 的程序图标以及当前所操作图形文件的名称。标题栏右侧的按钮可以实现窗口的最小化、最大化、还原、关闭。

2）菜单栏

紧贴标题栏的是菜单栏，可利用其执行 AutoCAD 的大部分命令。菜单栏由文件、编辑、视图、插入、格式、工具、绘图、标注、修改、参数、窗口、帮助等菜单组成。

单击菜单栏中的某一菜单，会弹出相应的下拉菜单。图 1.26 所示为"格式"下拉菜单。下拉菜单中，右侧有小三角符号的，表示该选项还有子菜单；右侧有三个实心点符号的，表示单击该选项后要弹出一个对话框；右侧没有内容的选项，单击它后会执行对应的 AutoCAD 命令。

3）工具栏

工具栏一般可位于菜单栏的下面及工作界面的左、右两侧。工具栏就是一些常用的菜单命令，每个命令以形象化按钮的快捷键方式显示，按照类别分组。

AutoCAD 按照类别划分为 40 多个工具栏，每一个工具栏上均有一些常用命令按钮。单击某一按钮，可以启动 AutoCAD 的对应命令。如图 1.25 所示，系统默认工具栏有："标准""特性""绘图""修改""图层""样式"等工具栏。

4）绘图窗口

绘图窗口相当于手工绘图时的图纸，是显示所绘图形的区域。用户只能在绘图区绘制图形。

绘图区没有边界，利用视窗缩放功能，可使绘图区无限增大或缩小。当光标移至绘图区域内时，便出现了十字光标和拾取框。

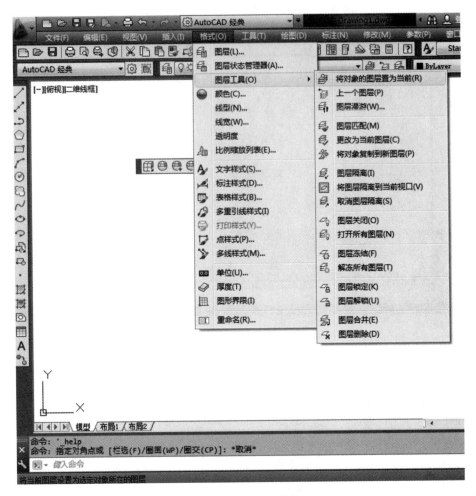

图 1.26　格式下拉菜单

绘图区的左下角有 WCS 坐标系（系统默认的世界坐标系）。下方和右方有用来控制图形水平和竖直方向移动的滚动条,滚动条可平移绘图窗口中显示的内容。

默认情况下,绘图区的底部有"模型""布局 1"和"布局 2"3 个选项卡,称为"图纸空间"。模型/布局选项卡用于实现模型空间与图纸空间的切换。绘图一般在模型空间进行,而打印和输出通常是在布局空间进行。在布局选项卡里可调用图框和标题栏。

5）命令行

命令行用于接收用户的命令或参数输入。命令行是人机进行对话的窗口,通过该窗口发出的绘图命令与使用菜单命令或单击工具栏按钮等效。默认状态下,命令行保留显示执行的最后 3 条命令或提示信息。用户可以通过拖动窗口边框的方式改变命令窗口的大小,使其显示多于 3 行或少于 3 行的信息。

6）状态栏

状态栏用于显示当前图形绘制的状态,状态栏左侧的一组数字反映当前光标所处位置的坐标,其余按钮从左到右分别表示当前是否启用了捕捉模式、栅格显示、正交模式、极轴追踪、对象捕捉、对象捕捉追踪、动态 UCS（用鼠标左键单击,可打开或关闭）、动态输入等功能以及是否显示线宽、当前的绘图空间等信息。状态栏右侧的锁图标，可以指示工具栏和窗口是否被锁定，在该图标上单击鼠标右键，将显示锁定选项。单击右侧小箭头，可以打开一个菜单，用以删减状态栏上显示的内容。状态栏最右端是全屏显示按钮，单击可清除工具栏和屏幕。

7）工具选项板

（1）启用工具选项板。

可用以下 3 种方法启用工具选项板：在命令行输入“TOOLPALETTES”后回车；单击“工具”→“选项板”→“工具选项板”；单击标准工具栏图标。工具选项板如图 1.27 所示。

（2）使用工具栏选项板填充图案。

方法一：直接选中要填充的图案同时按住鼠标左键拖动到绘图窗口。

方法二：选中要填充图案，命令行提示：

指定插入点或[基点(B)/比例(S)/X/Y/Z/旋转(R)]：

此时在绘图窗口中需要填充图案的区域内任意拾取一点，即可以实现图案的填充。

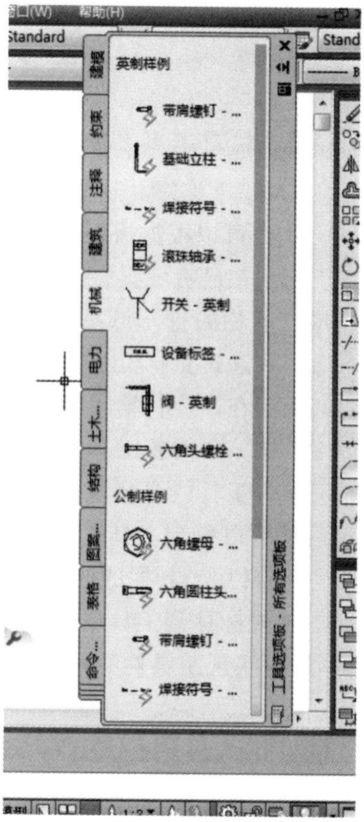

图 1.27　工具选项板

（3）定制工具选项板。

① 添加工具选项板。

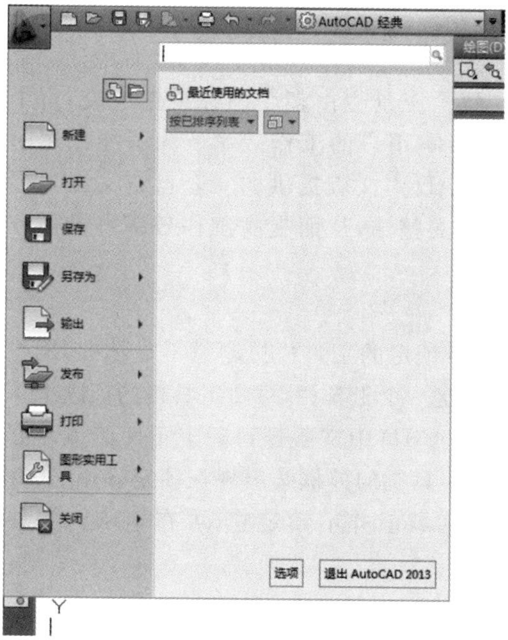

图 1.28　菜单浏览器

打开工具选项板窗口，在选项板窗口上单击鼠标右键，在弹出的快捷菜单中选择“新建选项板”菜单项。用户可以为新定义的选项板指定新名称。

② 为工具选项板添加工具。

方法一：将几何对象（如直线、圆等）、标注的尺寸、文字、填充图案、块、表格等拖至工具选项板，就可以建立相应的图标。

方法二：使用“剪切”“复制”“粘贴”将某一工具选项板上的工具移动或复制到另一个工具选项板上。

初学者暂时不用工具选项板时，可以关闭工具选项板。

8）菜单浏览器

单击菜单浏览器，AutoCAD 会将菜单浏览器展开，如图 1.28 所示。用户可通过菜单浏览器执行相应的操作。

任务三　设置个性工作界面

1. 常用工具栏的调用及放置

1）打开及关闭工具栏

用户可以根据需要打开或关闭任一个工具栏,方法有以下 4 种。

(1) 在已有工具栏上单击鼠标右键,弹出工具栏快捷菜单,单击名称前面的方框,可实现相应工具栏的打开与关闭。

(2) 通过选择"工具"→"工具栏"→对应的子菜单命令,可以打开 AutoCAD 的各工具栏。

(3) 在命令行输入"TOOLBAR"并回车,打开自定义对话框,单击方框开关,可以打开、关闭 AutoCAD 的各工具栏。

(4) 工具栏全都消失时,在命令行输入命令"menu",在弹出的对话框中找到 acad. cui,确定后就可以看到工具栏。

2）常用工具栏的放置

把光标移到工具栏的最前面,如图 1.29 所示,按住鼠标左键,拖到合适的位置后放开左键,即可实现工具栏的移动。

图 1.29　移动工具栏示例

对于任何一个工具栏,将鼠标指针放置在它的边界且在鼠标指针变成双向箭头时拖动鼠标,可以改变工具栏的大小和形状。

2. 创建个性化工具栏

在 AutoCAD 中文版中,包括了 40 多个工具栏,每个工具栏由多个图标按钮组成,每个图标按钮又分别对应相应的命令。复杂的工具栏会影响用户的工作效率。为了能在短时间内熟练使用 AutoCAD 中文版,用户可以通过 AutoCAD 中文版提供的一套自定义工具栏的方法,对工具栏中的按钮进行适当调整,使整个屏幕变整洁,从而提高工作效率。操作方法如下。

1）锁定工具栏

锁定工具栏是指把工具栏固定在特定的位置上。被锁定的工具栏标题是不显示的,例如"标准"工具栏、"绘图"工具栏和"特性"工具栏等。要锁定一个工具栏,可在工具栏的标题上单击并按住鼠标左键不放,移动鼠标将工具栏拖动到 AutoCAD 中文版窗口的上下两侧或左右两侧,这些地方都是 AutoCAD 中文版的锁定区域。当工具栏的外框线出现在锁定区域后,释放鼠标即可锁定工具栏。如果要将工具栏放在锁定区域但并不锁定它,可在拖动时按住"Ctrl"键,防止工具栏被固定。

2）自定义工具栏

在 AutoCAD 中文版中,用户可以将自己常用的一些工具按钮放置到自定义的工具栏上,创建一个新工具栏,其操作步骤如下:

（1）单击"工具"→"自定义"→"界面"命令，弹出"自定义用户界面"对话框。在"自定义用户界面"对话框单击图 1.30 所示的双下箭头，打开下拉列表。

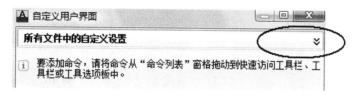

图 1.30　自定义用户界面

（2）在下拉列表框中选择"所有自定义文件"选项，在列表框中选择"工具栏"选项，单击鼠标右键，弹出图 1.31 所示的快捷菜单。

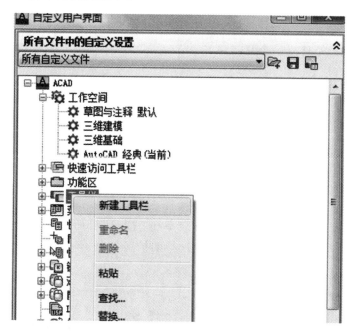

图 1.31　新建工具栏

（3）单击"新建工具栏"命令，系统自动新建一个工具栏——工具栏 1。

（4）选择新建的"工具栏 1"选项，单击鼠标右键，在弹出的快捷菜单中选择"重命名"选项（见图 1.32），将其命名为"我的工具栏"。

（5）在树形结构中选择该新建的工具栏，然后修改"特性"选项区中的内容。在"说明"选项后的文本框中输入说明文字；在"默认显示"选项后面的下拉列表框中选择"添加到工作空间"选项，则此工具栏将会显示在所有工作空间中；在"方向"选项后面的下拉列表框中，可选择"浮动""顶部""底部""左"或"右"中的某一选项；在"默认 X 位置""默认 Y 位置"选项后面的文本框中分别输入相应的数值；在"行"选项后面的文本框中输入浮动工具栏的行数，另外可以为工具栏起一个别名。

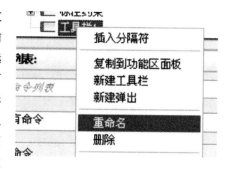

图 1.32　选择"重命名"选项

（6）在左侧的"命令列表"选项区中，单击"创建新命令"按钮 ☆，AutoCAD 中文版会自动创建命令——"命令 1"。选择"命令 1"，在右侧的"按钮图像"选项区中选择一个按钮，作为"命令 1"的按钮，并将其拖动至"常用工具栏"中。

图 1.33 "我的工具栏"

（7）重复步骤（6）的操作，创建其他的命令，定义出个性化的常用工具条。

（8）创建完成之后，单击"确定"按钮，在工作空间中即可看到所创建的"我的工具栏"，如图 1.33 所示。

任务四　文件操作

1. 新建图形文件

1）在非启动状态下建立一个新文件

（1）命令输入方法。

菜单栏：单击"文件"→"新建菜单"命令。

工具栏：单击标准工具栏上的"新建"按钮 🗋。

命令行：提示符下键入"NEW"命令后回车。

快捷键：Ctrl＋N。

（2）命令的操作。

执行上述命令之一，系统默认出现"选择样板"对话框。初学者一般可直接选择样板 acadiso（见图 1.34），也可以不选择样板，直接单击"打开"后面的三角符号进行选择（见图 1.35），就会建立一个新图形。文件类型可以选择的扩展名为 dwg、dws、dwt，如图 1.36 所示。

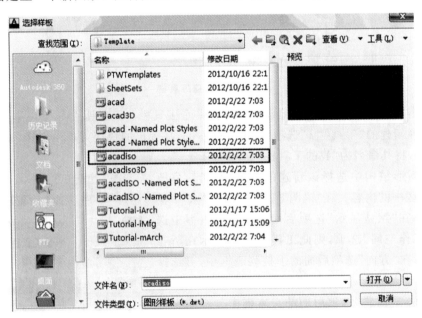

图 1.34 "选择样板"对话框

图 1.35　无样板打开文件

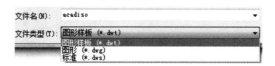

图 1.36　文件类型选择

2）利用"启动"对话框新建文件

"启动"对话框如图 1.37 所示,该对话框有四个选项卡:打开图形图标、缺省设置图标(初学者首选)、使用样板图标(该列表框内有一些 CAD 已定义好的模板文件)、使用向导图标。

图 1.37　"启动"对话框

2. 保存图形文件

1) 首次存盘

(1) 命令输入方法。

菜单栏：单击"文件"→"保存"。

工具栏：单击标准工具栏上的"保存"按钮 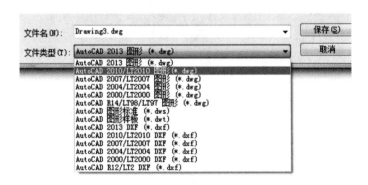 。

命令行：提示符下键入"SAVE"命令后回车。

(2) 命令的操作。

执行上述命令之一，系统默认出现"图形另存为"对话框（见图 1.38），在"保存于"下拉列表中指定文件保存路径，在"文件名"文本框中输入文件名称，在"文件类型"下拉列表中选择文件保存类型，如图 1.39 所示。单击"保存"按钮，即可实现保存。

图 1.38　"图形另存为"对话框

图 1.39　文件类型选择

注意：在 AutoCAD 中保存的文件，用正在运行的 CAD 版本之前的旧版本是不能打开的，因而在选择此项之前需要先确认文件接收方的 CAD 版本。

2) 对已经保存过的文件换名存盘

(1) 命令输入方法。

菜单栏：单击"文件"→"另存为"。

命令行：提示符下键入"SAVEAS"命令后回车。

快捷键：Ctrl+S。

(2) 命令的操作。

执行上述任一命令后 AutoCAD 弹出"图形另存为"对话框，如图 1.38、图 1.39 所示,用户按要求操作即可。

3. 打开已有图形文件

(1) 命令输入方法。

菜单栏：单击"文件"→"打开"。

工具栏：单击"标准"工具栏→"打开"按钮 📂 。

命令行：提示符下键入"OPEN"命令后回车。

快捷键：Ctrl+O。

(2) 命令的操作。

执行上述命令之一,AutoCAD 弹出"选择文件"对话框(见图 1.40),根据路径、文件名、文件类型找到要选择的文件。

图 1.40　"选择文件"对话框

4. 关闭图形文件

(1) 命令输入方法。

菜单栏：单击"文件"→"关闭"。

标题栏:单击"关闭"按钮 。

命令行:提示符下键入"CLOSE"命令后回车。

(2) 命令的操作

执行该命令后,不用退出系统,可继续编辑另外打开的文件。

5.退出 AutoCAD

退出 AutoCAD 时,如果当前窗口中有未关闭的文件,要先将其关闭,若该文件被编辑过,则需要确认是否保存,然后再退出 AutoCAD。退出方法有以下四种。

(1) 单击 AutoCAD 工作界面标题栏右侧的"关闭"按钮 。

(2) 在 AutoCAD 界面菜单栏中选择"文件"→"退出"命令。

(3) 在命令行输入"QUIT"命令后回车。

(4) 快捷键:Ctrl+Q 键。

任务五　常用命令操作

1.鼠标的使用

鼠标是使用计算机时常用的一种输入工具,在 AutoCAD 中,鼠标的应用更是不可替代的。目前常用的鼠标有两种,即二键式鼠标和三键式鼠标,三键式鼠标是绘图中常用的鼠标。

(1) 二键式鼠标。

左键:选择功能键(选像素、选点、选功能)。

右键:在绘图区具有快捷菜单功能。

(2) 三键式鼠标。

左键:选择功能键(选像素、选点、选功能)。

右键:在绘图区具有调出快捷菜单或 Enter 功能;Shift+鼠标右键弹出对象捕捉快捷菜单。

中间键(滚轮):压住不放并拖动,实现平移;双击,缩放成实际范围;Shift+压着不放并拖动,实现垂直或水平的实时平移;Ctrl+压着不放并拖动,实现随意式实时平移。

2.命令的启动与中止方法

1) 命令的启动方法

AutoCAD 属于人机交互式软件,即当用 AutoCAD 绘图或进行其他操作时,首先要向 AutoCAD 发出指令,告诉它要做什么。一般情况下,可以通过以下方式启动 AutoCAD 命令。

(1) 通过键盘输入命令。

当命令窗口中的当前行提示为"命令"时,表示当前处于命令接收状态。此时通过键盘键入某一命令后按"Enter"键或空格键,即可执行对应的命令。当采用这种方式执行命令时,需要记住各命令的英文单词。

(2) 通过菜单执行命令。

单击下拉菜单或菜单浏览器中的菜单项,可以执行对应的 AutoCAD 命令。

（3）通过工具栏执行命令。

左键单击工具栏上的按钮，可以执行对应的 AutoCAD 命令。

（4）重复执行命令。

当执行完某一命令后，如果需要重复执行该命令，除可以通过上述 3 种方式实现外，还可以使用以下方式。

① 直接按键盘上的"Enter"键或"BackSpace"键。

② 使光标位于绘图窗口，单击鼠标右键，AutoCAD 会弹出快捷菜单，并在菜单的第一行显示出重复执行上一次所执行的命令，选择此菜单项可以重复执行对应的命令。

2）命令终止的方法

① 正常完成一条命令后自动终止。

② 命令执行过程中，从菜单或工具栏调用另一命令，大多数命令会终止。

③ 在命令执行过程中，按"Esc"键或"Enter"键即可终止。

3．设计中心

1）启动设计中心

（1）命令输入。

① 使用快捷键 Ctrl+2。

② 菜单栏：单击"工具"→"选项板"→"设计中心"，如图 1.41 所示。

③ 命令行：提示符下键入"ADC"命令后回车。

④ 单击标准工具栏中的"设计中心"按钮 。

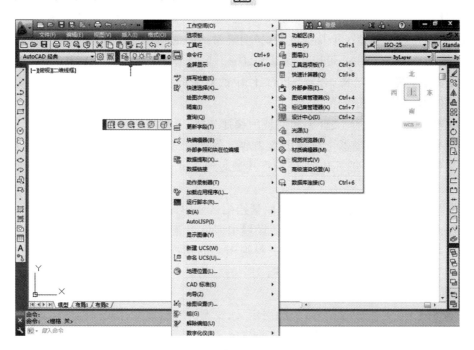

图 1.41　利用菜单栏打开设计中心

（2）命令操作。

执行命令后，打开"设计中心"对话框，如图 1.42 所示。

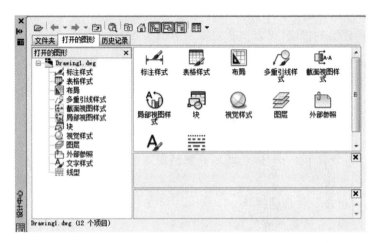

图 1.42 "设计中心"对话框

2）设计中心的作用

使用 AutoCAD 设计中心可以管理块参照、外部参照、光栅图像以及来自其他源文件或应用程序的内容。不仅如此，如果同时打开多个图形，就可以在图形之间复制和粘贴内容（如图层、文本样本等）来简化绘图过程。

AutoCAD 设计中心也提供了查看和重复利用图形的强大工具。通过该设计中心用户可以浏览本地系统、网络驱动器，甚至可以从互联网下载文件。

用户使用 AutoCAD 收藏夹（AutoCAD 设计中心的缺省文件夹），可以快速寻找经常使用的图形、文件夹和网址，从而节省操作时间。收藏夹汇集了打开不同存储位置图形文件的快捷方式。例如，用户可以创建一个快捷方式，指向经常访问的网络文件夹。

使用 AutoCAD 设计中心可以达到以下目的。

（1）浏览不同图形内容源，查看图形文件中的对象（例如块和图层）的定义，将定义插入、附着、复制和粘贴到当前图形中。

（2）创建指向常用图形、文件夹和网址的快捷方式。

（3）在本地和网络驱动器上查找图形内容。例如，可以按照特定图层名称或上次保存图形的日期来搜索图形。找到图形后，可以将其加载到 AutoCAD 设计中心，或直接拖放到当前图形中。

（4）将图形（DWG）文件从控制板拖放到绘图区域中即可打开。

（5）将光栅文件从控制板拖放到绘图区域中即可查看和附着光栅图像。

（6）在大图标、小图标、列表和详细资料视图之间切换控制板的内容显示，也可以达到在控制板中预览图像和显示图形内容的说明文字的目的。

（7）可使用块参照或外部参照。

（8）可以浏览图形的设置内容，如图层定义、线型、布局、文字样式和标注样式。

（9）可以浏览由第三方应用程序创建的自定义内容。

3）设计中心对话框的组成

如图 1.42 所示，设计中心对话框左侧的区域称为树状视图区，共有 3 个标签按钮，右侧的区域称为内容区。

（1）按钮。设计中心的顶部有一行按钮，这些按钮的功能如下。

①"加载"按钮 📂 。此按钮与标准工具栏里的"打开"按钮图标相同，主要用于在内容区显示所指定图形文件的相关内容。单击该按钮会弹出"加载"对话框，通过该对话框可选择本地网络驱动器或 Web 上的文件，AutoCAD 在树状视图区中会显示出该文件的名称。

②"上一页"按钮 ⬅ 、"下一页"按钮 ➡ 。"上一页"按钮 ⬅ 用于返回到历史记录列表中最近一次的位置，"下一页"按钮 ➡ 用于返回到历史记录列表中下一个位置。此外，利用位于按钮右侧的小箭头 ⬇ ，可以直接返回到之前显示过的某一位置。

③"上一级"按钮 📁 。此按钮用于显示所激活项目的上一级内容，这里的项目可以是目录，也可以是图形。

④"搜索"按钮 🔍 。此按钮用于快速查找对象。单击此按钮会弹出"搜索"对话框，如图1.43 所示。通过此对话框可以按指定条件搜索查找图形或非图形对象。

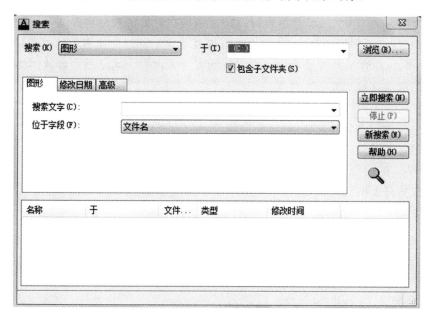

图 1.43　"搜索"对话框

⑤"收藏夹"按钮 ⭐ 。此按钮包含经常访问项目的快捷方式。向收藏夹添加快捷访问路径的方法是：在设计中心的树状视图区或内容区中选择要添加快捷路径的内容，单击鼠标右键，从快捷菜单中单击"添加到收藏夹"菜单项。用户也可以删除"收藏夹"中的项目，删除方法为：单击快捷菜单中的"组织收藏夹"项，从打开的窗口中删除指定的内容。

⑥"主页"按钮 🏠 。该按钮用于返回固定的文件夹或文件，即在内容区中显示固定文件夹或文件的内容。AutoCAD 默认将此文件夹设为"DesignCenter"文件夹。用户可以设置自己的文件夹或文件，设置方法为：在视图区某文件夹或文件名上单击鼠标右键，从弹出的快捷菜单中选择"设置为主页"。

⑦"树状图切换"按钮 ⊞。此按钮用于显示或隐藏树状视图区,单击此按钮可实现对应的切换。

⑧"预览"按钮 ⊡。此按钮用于在内容区中实现打开或关闭预览窗格,图1.42所示右侧下方窗格为预览窗格。打开预览窗格后,在内容区中选中某一项,如果该项目包含预览图像或图标,那么会在预览窗口中显示此预览图像或图标。

⑨"说明"按钮 ▤。此按钮用于在内容区中实现打开或关闭说明窗格,用以确定是否显示说明内容。打开说明窗格后,单击内容区中的某一项,如果该项包含文字描述信息,则会在说明窗格中显示出此信息。

注意:用户可以将说明窗格中的描述文字复制到剪贴板,但不能在说明窗格中修改它。

⑩"视图"按钮 ▦。此按钮控制在内容区中显示内容的格式。单击位于按钮右侧的小箭头 ▼,AutoCAD弹出一个列表,列表中有"大图标""小图标""列表""详细信息"四项,分别用于使内容区上显示的内容以大图标、小图标、列表、详细信息的格式显示。

(2)树状视图区。切换三个标签可以分别显示用户计算机和网络驱动器上的文件与文件夹的层次结构、所打开图形的列表、自定义内容以及上次访问过的位置等历史记录。

(3)内容区。内容区对应显示树状视图区所对应的内容。其显示内容具体如下。

①含有图形或其他文件的文件夹。

②图形。

③图形中包含的命令对象(命令对象指块、图层、表格样式、标注样式及文字样式等)。

④块的预定义图像或图标。

⑤基于Web的内容。

⑥由第三方开发的自定义内容。

4. 帮助

AutoCAD提供了强大的帮助功能,用户在绘图或开发过程中可以随时通过该功能得到相应的帮助。特别是初学者,在不知道如何使用某个命令时,可以随时查看帮助。图1.44所示为AutoCAD的"帮助"菜单。

图1.44 AutoCAD"帮助"菜单

1)调用"帮助"命令

调用"帮助"命令有以下几种方式。

(1)点击"帮助"下拉菜单。

(2)点击工具栏按钮 ?。

（3）在命令行输入"HELP"命令。

（4）按键盘上的功能键 F1。

2）执行"帮助"命令

选择"帮助"菜单中的帮助命令，可以选择相应模块进行学习，如图 1.45 所示，比如选择"新增功能"，AutoCAD 会打开"新功能专题研习"视频窗口。通过该窗口用户可以详细了解AutoCAD 的新增功能。

图 1.45　新功能专题研习

项目二　基本绘图命令

学习目标

学会绘制工程图中常用的各种线条。

知识要点

点、直线、圆与圆弧、矩形与正多边形等的绘图命令。

绘图技巧

绘制图形时利用"临时追踪"或"捕捉自"来捕捉目标点,无须做辅助线;圆弧与直线相切的绘制可采用倒角命令。

任务一　绘　制　点

1. 绘制单点与多点

启动命令的方法:在命令行输入快捷命令"PO"后回车或单击菜单栏中的"绘图"→"点"→"单点"("多点")或单击工具栏图标 · 。

启动命令后,在绘图区适当位置单击鼠标左键确定点的位置,如果绘制多点则继续单击鼠标左键,点绘制结束后按"ESC"键即可退出命令。

2. 设置点样式

启动点样式:单击菜单栏中的"格式"→"点样式"。

默认的点样式为一个小点,绘制在线上将无法看清,因此 AutoCAD 提供了多种点样式及点大小的调整功能,如图 2.1 所示。

3. 绘制定数等分点

绘制定数等分点是指将点沿指定的对象按输入的线段数目(2~32767)等间隔排列。

启动命令:左键单击菜单栏中的"绘图"→"点"→"定数等分"。

执行命令后,AutoCAD 提示如下:

DIVIDE 选择要定数等分的对象:(在此选择要等分的对象)

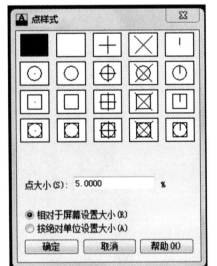

图 2.1　"点样式"对话框

DIVIDE 输入线段数目或[块(B)]：（在此输入等分的数目后回车）

绘制定数等分点的效果图如图 2.2 所示。

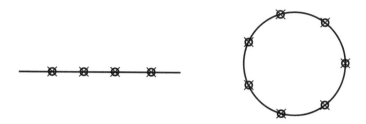

图 2.2　绘制定数等分点的效果图

4. 绘制定距等分点

绘制定距等分点是指将点在指定的对象上按指定的距离放置。

启动命令：左键单击菜单栏中的"绘图"→"点"→"定距等分"。

执行命令，AutoCAD 提示如下。

MEASURE 选择要定距等分的对象：（在此选择要等分的对象）

MEASURE 指定线段长度或[块(B)]：（在此指定每小段线段的长度）

等分的结果有如图 2.3(a)、图 2.3(b)所示的两种情况。

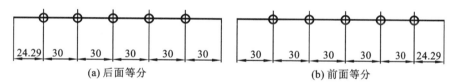

(a) 后面等分　　　　　　　　(b) 前面等分

图 2.3　绘制定距等分点的两种情况

任务二　绘　制　直　线

1. 导向直线法绘制直线

启动命令的方法：在命令行输入"L"后回车，或单击菜单栏中的"绘图"→"直线"，或单击工具栏图标 。

执行命令，AutoCAD 提示如下。

指定第一个点或[放弃(U)]：（在此提示下，可以在绘图区单击左键确定直线第一个端点，也可输入坐标）

指定下一点或[放弃(U)]：（在此提示下，将状态栏中"正交"按钮打开（灰色为关闭，亮色为打开），拖动鼠标给定方向后再直接输入尺寸数字即可，也可输入坐标）

指定下一点或[放弃(U)]：（在此提示下，如果结束直线的绘制可按"回车""空格""ESC"键或单击鼠标右键。如果继续绘制直线就执行上面第二步）

如图 2.4 所示，图中所有对象均为水平线和垂直线，那么可用上面的导向直线法绘制此图。

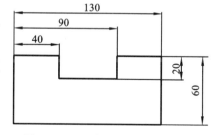

图 2.4　导向直线法绘制直线图例

注意：导向直线法只适合绘制水平线和垂直线，且需打开正交按钮。

2. 相对坐标法绘制直线

启动命令方法同上。

执行命令，AutoCAD 提示如下。

指定第一个点或[放弃(U)]：(在此提示下，可以在绘图区单击鼠标左键确定直线第一个端点，也可输入坐标)

指定下一点或[放弃(U)]：(在此提示下，输入@X，Y。X 和 Y 是指后一个点相对于前一个点的相对 X 坐标值和 Y 坐标值)

指定下一点或[放弃(U)]：(在此提示下，如果结束直线的绘制可按"回车""空格""ESC"键或单击鼠标右键。如果继续绘制直线就执行上面第二步)

如图 2.5 所示，图中所有对象均为斜直线，且已经给出两点之间的坐标值，便可用上面的相对坐标法绘制此图。

注意：此相对坐标法只适合绘制直线两端点有相对坐标值的图形，且"正交"按钮必须先选择关闭，以方便观察。

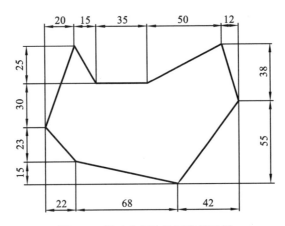

图 2.5　相对坐标法绘制直线图例

3. 极坐标法绘制直线

启动命令方法同上。

执行命令，AutoCAD 提示如下。

指定第一个点或[放弃(U)]：(在此提示下，可以在绘图区单击鼠标左键确定直线第一个端点，也可输入坐标)

指定下一点或[放弃(U)]：(在此提示下，输入@线段长度<角度)

指定下一点或[放弃(U)]：(在此提示下，如果结束直线的绘制可按"Enter""Backspace""ESC"键或单击鼠标右键。如果继续绘制直线就执行上面第二步)

如图 2.6 所示，图中所有对象均给出了线段长度和两线段间的夹角，便可用极坐标法绘制此图。

注意：极坐标法只适合绘制已知线段长度和夹角的图形，且一定要注意长度正负号和角度正负号。长度正负号判断：线段沿 X 轴正向移动时为正，反之为负。角度正负号判断：水平线递时针绕到 AB 线时角度为正，反之为负。即绘制 AB 线段时需输入：@－114.17<－39。

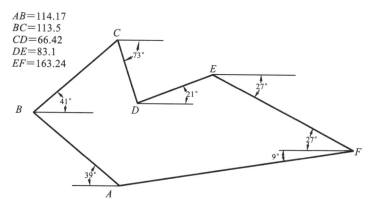

$AB=114.17$
$BC=113.5$
$CD=66.42$
$DE=83.1$
$EF=163.24$

图 2.6　极坐标法绘制直线图例

任务三　绘制矩形与正多边形

1. 绘制矩形

启动命令的方法:在命令行输入"REC"后回车,或单击菜单栏中的"绘图"→"矩形",或单击工具栏图标 ▢ 。

执行命令,AutoCAD 提示如下。

指定第一角点或[倒角(C)/标高(E)/圆角(F)/厚度(T)/宽度(W)]:(在此提示下,可直接在绘图区单击鼠标左键确定第一角点,也可输入方括号里面的选项(直接输入括号里面的快捷键,可绘制出不同形式的矩形))

矩形的形式如图 2.7 所示。

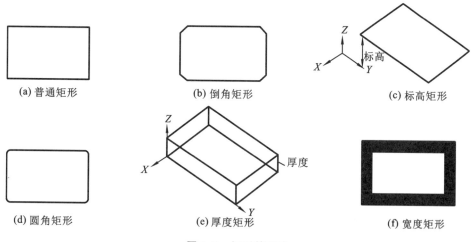

(a) 普通矩形　　(b) 倒角矩形　　(c) 标高矩形

(d) 圆角矩形　　(e) 厚度矩形　　(f) 宽度矩形

图 2.7　矩形的形式

指定另一角点或[面积(A)/尺寸(D)/旋转(R)]:(在此提示下,可直接在绘图区单击鼠标左键确定第二角点,也可输入相对坐标确定第二角点,也可输入括号里面的选项)

(1)倒角(C):此选项使所绘矩形四边同时按照输入的尺寸倒直角,如图 2.7(b)所示。

指定矩形的第一个倒角距离:(在此提示下输入第一倒角数值并回车)

指定矩形的第二个倒角距离:(在此提示下输入第二倒角数值并回车)

指定第一角点或[倒角(C)/标高(E)/圆角(F)/厚度(T)/宽度(W)]:(在此提示下,可直接在绘图区单击鼠标左键确定第一角点)

指定另一角点或[面积(A)/尺寸(D)/旋转(R)]:(在此提示下,可直接在绘图区单击鼠标左键确定第二角点,也可输入相对坐标确定第二角点)

(2) 标高(E):此选项一般用于三维绘图,指所绘矩形的平面与当前 XY 平面之间的距离,如图 2.7(c)所示。

指定矩形的标高:(在此输入距离值)

指定第一角点或[倒角(C)/标高(E)/圆角(F)/厚度(T)/宽度(W)]:(在此提示下,可直接在绘图区单击鼠标左键确定第一角点)

指定另一角点或[面积(A)/尺寸(D)/旋转(R)]:(在此提示下,可直接在绘图区单击鼠标左键确定第二角点,也可输入相对坐标确定第二角点)

(3) 圆角(F):此选项使所绘矩形在角点处按照输入半径值绘制圆角,如图 2.7(d)所示。

指定矩形的圆角半径:(在此输入半径值)

指定第一角点或[倒角(C)/标高(E)/圆角(F)/厚度(T)/宽度(W)]:(在此提示下,可直接在绘图区单击鼠标左键确定第一角点)

指定另一角点或[面积(A)/尺寸(D)/旋转(R)]:(在此提示下,可直接在绘图区单击鼠标左键确定第二角点,也可输入相对坐标确定第二角点)

(4) 厚度(T):此选项一般用于三维绘图,指所绘矩形沿当前坐标系的 Z 方向具有一定的厚度,如图 2.7(e)所示。

指定矩形的厚度:(在此输入厚度值)

指定第一角点或[倒角(C)/标高(E)/圆角(F)/厚度(T)/宽度(W)]:(在此提示下,可直接在绘图区单击鼠标左键确定第一角点)

指定另一角点或[面积(A)/尺寸(D)/旋转(R)]:(在此提示下,可直接在绘图区单击鼠标左键确定第二角点,也可输入相对坐标确定第二角点)

(5) 宽度(W):此选项指所绘矩形的四边具有一定的线宽,如图 2.7(f)所示。

指定矩形的线宽:(在此输入宽度值)

指定第一角点或[倒角(C)/标高(E)/圆角(F)/厚度(T)/宽度(W)]:(在此提示下,可直接在绘图区单击鼠标左键确定第一角点)

指定另一角点或[面积(A)/尺寸(D)/旋转(R)]:(在此提示下,可直接在绘图区单击鼠标左键确定第二角点,也可输入相对坐标确定第二角点)

(6) 面积(A):此选项根据指定的面积绘制矩形。

输入以当前单位计算的矩形面积:(在此输入矩形面积后回车)

计算矩形标注时依据[长度(L)/宽度(W)]<长度>:(在此输入方括号里面的快捷键,选择确定矩形边长的方法,输入后便可按照面积和长度或宽度绘制矩形)

(7) 尺寸(D):此选项根据矩形的长和宽绘制矩形。

指定矩形的长度:(在此输入长度后回车)

指定矩形的宽度:(在此输入宽度后回车)

指定另一个角点或[面积(A)/尺寸(D)/旋转(R)]：（在此移动鼠标确定矩形的另一角点相对于第一角点的位置，然后单击鼠标左键，即可绘制出矩形）

（8）旋转(R)：此选项绘制按指定倾斜角放置的矩形。

指定旋转角度或[拾取点(P)]：（在此输入旋转角度值后回车，或通过"拾取点"选项确定角度）

指定另一角点或[面积(A)/尺寸(D)/旋转(R)]：（在此输入方括号里的选项绘制矩形）

2．绘制正多边形

启动命令的方法：在命令行输入"POL"后回车，或单击菜单栏中的"绘图"→"多边形"，或左键单击工具栏图标 ⬠ 。

执行命令，AutoCAD 提示如下。

输入侧面数：（在此输入多边形的边数后回车，允许输入值为 3～1024 的整数）

指定正多边形的中心点或[边(E)]：（默认为指定正多边形的中心点，在绘图区单击鼠标左键，确定正多边形的中心位置）

（1）指定正多边形的中心点。

输入选项[内接于圆(I)/外切于圆(C)]：（在此输入"I"后回车，"I"即为假想的一个与正多边形外接的圆，并根据下一行提示输入假想圆半径；若在此输入"C"后回车，"C"即为假想的一个与正多边形内切的圆，并根据下一行提示输入假想圆半径）

指定圆的半径：（在此输入半径值）

所绘图形如图 2.8(a)、图 2.8(b)所示。

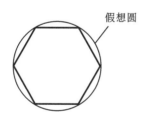
(a) 以假想圆绘制内接正多边形

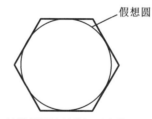
(b) 以假想圆绘制外切正多边形

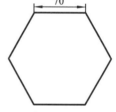
(c) 以边长绘制正多边形

图 2.8　根据假想圆绘制正多边形

（2）边(E)。

指定正多边形的中心点或[边(E)]：（在此输入"E"后回车）

指定边的第一个端点：（在绘图区单击鼠标左键，或输入坐标值）

指定边的第二个端点：（在绘图区单击鼠标左键，或输入边的长度值）

所绘图形如图 2.8(c)所示。

任务四　绘制曲线

1．绘制圆

启动命令的方法：在命令行输入"CIR"后回车，或左键单击菜单栏中的"绘图"→"圆"→（选择绘制圆的 6 种方法中的一种），或左键单击工具栏图标 ◉ 。

执行命令，AutoCAD 提示如下。

指定圆的圆心或[三点(3P)/两点(2P)/相切、相切、半径(T)]:（默认为指定圆心和半径的方法绘制圆，在绘图区单击鼠标左键或输入坐标确定圆心位置）

（1）指定圆的圆心和半径。

指定圆的半径或[直径(D)]:（在此输入半径后回车或输入"D"再输入直径值后回车），如图 2.9（a）所示。

注意:如果图形给出的圆直径是非整数，应选择直径法绘制圆，例如用直径法绘制ϕ50.271 的圆。

（2）三点(3P)。通过三个点可以绘制唯一一个圆。

指定圆的圆心或[三点(3P)/两点(2P)/相切、相切、半径(T)]:（在此输入"3P"后回车）

指定圆上的第一个点:（在绘图区单击鼠标左键确定圆上的第一点）

指定圆上的第二个点:（在绘图区单击鼠标左键确定圆上的第二点）

指定圆上的第三个点:（在绘图区单击鼠标左键确定圆上的第三点）

所绘图形如图 2.9（b）所示。

注意:三个点无顺序区分。

（3）两点(2P)。通过两点绘制圆，且此两点的连线为圆的直径。

指定圆的圆心或[三点(3P)/两点(2P)/相切、相切、半径(T)]:（在此输入"2P"后回车）

指定圆直径的第一个端点:（在绘图区单击鼠标左键确定第一点）

指定圆直径的第二个端点:（在绘图区单击鼠标左键确定第二点）

所绘图形如图 2.9（c）所示。

（4）相切、相切、半径(T)。绘制与已知两个对象（两个对象可以为圆也可以为直线）相切且半径为已知的圆。

指定圆的圆心或[三点(3P)/两点(2P)/相切、相切、半径(T)]:（在此输入"T"后回车）

指定对象与圆的第一个切点:（在绘图区单击鼠标左键确定第一个被切的对象）

指定对象与圆的第二个切点:（在绘图区单击鼠标左键确定第二个被切的对象）

指定圆的半径:（在此输入半径后回车）

所绘图形如图 2.9（d）所示。

（5）相切、相切、相切(A)。绘制与已知三个对象（三个对象可以为圆也可以为直线）相切的圆。

指定圆上的第一点:（在绘图区单击鼠标左键选择第一个对象）

指定圆上的第二点:（在绘图区单击鼠标左键选择第二个对象）

指定圆上的第三点:（在绘图区单击鼠标左键选择第三个对象）

所绘图形如图 2.9（e）所示。

注意:三个对象必须满足与圆相切的条件，否则绘制不成功。

2. 绘制圆弧

启动命令的方法:在命令行输入"ARC"后回车，或单击菜单栏中的"绘图"→"圆弧"→选择绘制圆的 11 种方法中的一种，或单击工具栏图标 ⌒ 。

执行命令，AutoCAD 提示的情况有以下几种。

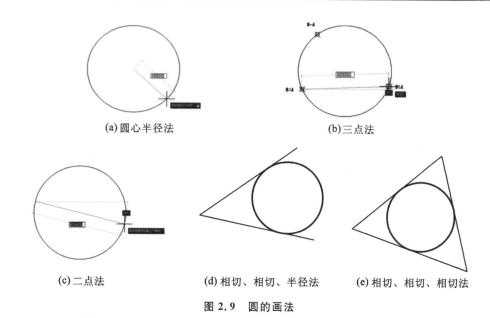

(a)圆心半径法　　　　　　　(b)三点法

(c)二点法　　　　(d)相切、相切、半径法　　　(e)相切、相切、相切法

图 2.9　圆的画法

（1）三点(P)。

指定圆弧的起点或[圆心(C)]:（在此指定圆弧的起点位置）

指定圆弧的第二个点或[圆心(C)/端点(E)]:（在此指定圆弧上任一点）

指定圆弧的端点:（在此指定圆弧端点位置）

所绘图形如图 2.10(a)所示。

（2）起点、圆心、端点(S)。

指定圆弧的起点或[圆心(C)]:（在此指定圆弧起点位置）

指定圆弧的圆心:（在绘图区单击鼠标左键指定圆弧的圆心）

指定圆弧的端点或[角度(A)/弦长(L)]:（在此指定圆弧端点位置）

所绘图形如图 2.10(b)所示。

（3）起点、圆心、角度(T)。

指定圆弧的起点或[圆心(C)]:（在绘图区单击鼠标左键指定圆弧的起点位置）

指定圆弧的圆心:（在绘图区单击鼠标左键指定圆弧的圆心）

指定圆弧的包含角:（在绘图区单击鼠标左键指定圆弧包含角）

所绘图形如图 2.10(c)所示。

（4）起点、圆心、弦长(A)。

指定圆弧的起点或[圆心(C)]:（在此指定圆弧的起点位置）

指定圆弧的圆心:（在此指定圆弧的圆心）

指定弦长:（在此指定圆弧弦长）

所绘图形如图 2.10(d)所示。

（5）起点、端点、角度(N)。

指定圆弧的起点或[圆心(C)]:（在此指定圆弧的起点位置）

指定圆弧的第二个点或[圆心(C)/端点(E)]:（在此指定圆弧端点）

指定包含角:（在此指定圆弧包含角）

所绘图形如图 2.10(e)所示。

（6）起点、端点、方向（D）。

指定圆弧的起点或[圆心(C)]：（在此指定圆弧的起点位置）

指定圆弧的端点：（在此指定圆弧的端点位置）

指定圆弧的起点切向：（在此可以输入圆弧在起点处的切线方向与水平方向的夹角；或单击鼠标左键确定其方向）

所绘图形如图2.10（f）所示。

（7）起点、端点、半径（R）。

指定圆弧的起点或[圆心(C)]：（在此指定圆弧的起点位置）

指定圆弧的端点：（在此指定圆弧的端点位置）

指定圆弧的半径：（在此输入圆弧半径值后回车）

所绘图形如图2.10（g）所示。

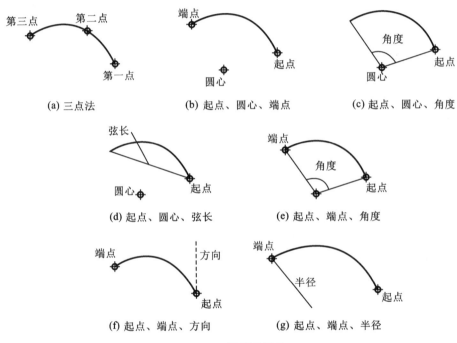

图2.10　圆弧的画法

（8）圆心、起点、端点（C）。

指定圆弧的圆心：（在此指定圆弧的圆心位置）

指定圆弧的起点：（在此指定圆弧的起点位置）

指定圆弧的端点或[角度(A)/弦长(L)]：（在此指定圆弧的端点等）

（9）圆心、起点、角度（E）。

指定圆弧的圆心：（在此指定圆弧的圆心位置）

指定圆弧的起点：（在此指定圆弧的起点位置）

指定包含角：（在此指定圆弧包含角）

（10）圆心、起点、弦长（L）。

指定圆弧的圆心：（在此指定圆弧的圆心位置）

指定圆弧的起点：（在此指定圆弧的起点位置）

指定弦长:(在此指定圆弧弦长)

(11) 继续(O)。

指定圆弧的端点:(在此指定圆弧的端点)

注意:此方法是以上次绘制的直线或圆弧的终止点作为新圆弧起点,并以直线方向或圆弧在终止点的切线方向为新圆弧在起点处的切线方向,接着按照命令行提示指定圆弧端点。

3. 绘制椭圆

启动命令的方法:在命令行输入"EL"后回车,或单击菜单栏中的"绘图"→"圆弧"→选择绘制椭圆的 3 种方法中的一种,或左键单击工具栏图标 。

执行命令,AutoCAD 提示的情况有以下几种。

(1) 圆心(C)。

指定椭圆的中心点:(在此指定椭圆的中心位置)

指定轴的端点:(在此可输入长半轴或短半轴的长度;或用鼠标指定椭圆长轴或短轴的端点)

指定另一条半轴长度或[旋转(R)]:(在此可输入另一条半轴长度或用鼠标指定其端点)

所绘图形如图 2.11(a)所示。

(2) 轴、端点(E)。此方法为系统默认方法。

指定轴的另一个端点:(在此可输入长轴或短轴的长度;或用鼠标指定椭圆长轴或短轴的端点)

指定另一条半轴长度或[旋转(R)]:(在此可输入另一条半轴长度或用鼠标指定其端点)

所绘图形如图 2.11(b)所示。

(3) 圆弧(A)。

指定起始角度或[参数(P)]:(在此可输入确定圆弧起点的起始角度或单击鼠标左键确定)

指定端点角度或[参数(P)/包含角度(I)]:(在此可输入端点角度)

所绘图形如图 2.11(c)所示。

4. 绘制椭圆弧

启动命令:单击工具栏图标 。

执行命令,AutoCAD 提示如下。

指定椭圆弧的轴端点或[中心点(C)]:(在此可以选择默认,即指定椭圆弧的轴端点;或输入"C"后回车,指定椭圆弧的中心点)

(1) 指定椭圆弧的轴端点,则 AutoCAD 提示如下。

指定轴的另一个端点:(在此指定椭圆轴的端点,可输入值确定)

指定另一条半轴长度或[旋转(R)]:(在此指定另外一条椭圆轴的半轴长度)

指定起始角度或[参数(P)]:(在此可输入确定圆弧起点的起始角度或单击鼠标左键确定)

指定端点角度或[参数(P)/包含角度(I)]:(在此可输入确定端点的端点角度)

(2) 指定椭圆弧的中心点,则 AutoCAD 提示如下。

指定椭圆弧中心点:(在此确定椭圆弧中心点的位置)

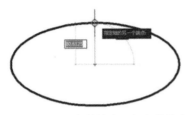

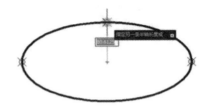

(a) 指定圆心、长轴端点，短半轴长度　　　　(b) 指定轴的两个端点及另一条半轴长度

(c) 指定起始角度和端点角度

图 2.11　椭圆的画法

指定轴的端点:(在此指定椭圆轴的端点,可输入值确定)

指定另一条半轴长度或[旋转(R)]:(在此指定另外一条椭圆轴的半轴长度)

指定起始角度或[参数(P)]:(在此可输入确定圆弧起点的起始角度或单击鼠标左键确定)

指定端点角度或[参数(P)/包含角度(I)]:(在此可输入确定端点的端点角度)

所绘图形如图 2.11(c)所示。

5.绘制圆环

启动命令:在命令行输入"DO"后回车,或单击菜单栏中的"绘图"→"圆环"。

执行命令,AutoCAD 提示如下。

指定圆环的内径:(在此输入圆环内圈直径后回车)

指定圆环的外径:(在此指定圆环外圈直径后回车)

指定圆环的中心点或[退出]:(在此指定放置圆环位置)

指定圆环的中心点或[退出]:回车(或继续指定圆环的中心点位置绘制圆环)

所绘图形如图 2.12 所示。

(a) 内径不为零的圆环　　　　　　　　(b) 内径为零的圆环

图 2.12　圆环的画法

任务五　绘制多段线

多段线是由线段和圆弧构成的连续线段组,它是一个独立的对象。在绘制过程中可以随意设置线段或圆弧的起始宽度,多段线的画法如图 2.13 所示。

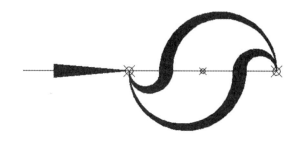

图 2.13　多段线的画法

启动命令的方法:在命令行输入"PL"后回车,或单击菜单栏中的"绘图"→"多段线",或单击工具栏图标 ⌐⊃ 。

执行命令,AutoCAD 提示如下。

指定起点:(在此单击鼠标左键确定绘制直线或圆弧的起点)

当前线宽为 0.0000

指定下一点或[圆弧(A)/半宽(H)/长度(L)/放弃(U)/宽度(W)]:(在此默认绘制线宽为0 的直线)

(1)圆弧(A)。

指定下一点或[圆弧(A)/半宽(H)/长度(L)/放弃(U)/宽度(W)]:(若绘制圆弧在此输入"A"后回车)

指定圆弧的端点或[角度(A)/圆心(CE)/闭合(CL)/方向(D)/半宽(H)/直线(L)/半径(R)/第二点(S)/放弃(U)/宽度(W)]:(在此可直接指定圆弧的端点,也可输入方括号里的选项。角度(A):输入起点到端点的角度值。圆心(CE):指定所画圆弧的圆心位置。闭合(CL):使所画圆弧成闭合状态。方向(D):根据起点的切向绘制圆弧。半宽(H):输入"H"回车后输入线条的半宽。直线(L):输入"L"后便开始画直线。半径(R):输入"R"回车后输入圆弧的半径值,确定圆弧的大小。第二点(S):指定圆弧的第二点,回车后再指定圆弧的端点即可确定圆弧。放弃(U):放弃所有线段的绘制,重新绘制。宽度(W):输入"W"回车后输入线条的宽度)

(2)半宽(H)。

指定起点半宽:(在此输入线条起点宽度的一半)

指定端点半宽:(在此输入线条端点宽度的一半)

(3)长度(L)。

指定直线的长度:(在此输入直线长度或单击鼠标左键)

(4)放弃(U)。

放弃所有线段的绘制,重新绘制。

（5）宽度（W）。

指定起点宽度：（在此输入线条起点宽度）

指定端点宽度：（在此输入线条端点宽度）

任务六　绘制样条曲线

样条曲线是由多条线段光滑过渡而形成的曲线，其形状是由数据点、拟合点及控制点来控制的。其中数据点是在绘制样条曲线时由用户确定的，拟合点及控制点由系统自动产生，用来编辑样条曲线，如图 2.14 所示。

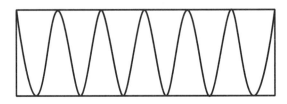

图 2.14　样条曲线的画法

启动命令的方法：在命令行输入"SPL"后回车，或单击菜单栏中的"绘图"→"样条曲线"，或单击工具栏图标 ～｜ 。

执行命令，AutoCAD 提示如下。

指定第一个点或［方式（M）/节点（K）/对象（O）］：（在此指定样条曲线起点或输入方括号里的选项）

在此输入"M"后，AutoCAD 提示如下。

输入样条曲线创建方式［拟合（F）/控制点（CV）］：（拟合（F）是指通过指定拟合点来绘制样条曲线；控制点（CV）则表示通过指定控制点绘制样条曲线）

1. 输入"F"

此时 AutoCAD 提示如下。

指定第一个点或［方式（M）/节点（K）/对象（O）］：

（1）指定第一个点。

在此按照默认选项指定第一点后，AutoCAD 提示如下。

输入下一个点或［起点切向（T）/公差（L）］：在此提示下确定样条曲线上的第二拟合点后，AutoCAD 提示如下。

输入下一个点或［端点相切（T）/公差（L）/放弃（U）］：

输入下一个点或［端点相切（T）/公差（L）/放弃（U）/闭合（C）］：

在上面的提示下，可继续确定下一个拟合点，也可以执行方括号里的选项。"端点相切（T）"选项确定样条曲线另一端点的切线方向，确定后绘制出样条曲线，并结束命令。"公差（L）"选项用于确定样条曲线的拟合公差，"放弃（U）"选项用于放弃上一次操作。"闭合（C）"选项用于绘制封闭的样条曲线。

①起点切向（T）。

该选项确定样条曲线在起点处的切线方向。执行该选项，AutoCAD 提示如下。

指定起点切向:(指定样条曲线在起点处的切线方向)

输入下一点或[起点切向(T)/公差(L)]:(根据提示操作)

②公差(L)。

该选项根据给定的拟合公差绘制样条曲线。

(2)节点(K)。

该选项控制样条曲线通过拟合点时的形状。执行该选项,AutoCAD 提示如下。

输入节点参数化[弦(C)/平方根(S)/统一(U)]:(用户根据需要选择即可)

(3)对象(O)。

该选项将样条曲线拟合多段线转换成等价的样条曲线并删除多段线。执行此选项,AutoCAD 提示如下。

选择样条曲线拟合多段线:(在此提示下选择对应的图形对象,即可实现转换)

2. 输入"CV"

此时 AutoCAD 提示如下。

指定第一个点或[方式(M)/阶数(D)/对象(O)]:

(1)指定第一个点。

该选项确定样条曲线的下一个控制点。执行该选项,AutoCAD 提示如下。

输入下一个点:(继续指定下一个控制点)

输入下一个点或[闭合(C)/放弃(U)/]:(继续指定下一个控制点,或执行"闭合(C)"选项闭合样条曲线,或执行"放弃(U)"选项放弃上一次操作。在这样的提示下确定一系列的控制点后回车,结束命令的执行,绘制出样条曲线)

(2)阶数(D)。

该选项用于设置样条曲线的控制阶数。执行该选项,AutoCAD 提示如下。

输入样条曲线阶数<3>:(在此提示下设置样条曲线的控制阶数)

(3)对象(O)。

该选项用于将多段线拟合成样条曲线。执行该选项,AutoCAD 提示如下。

选择多段线:(在此提示下选择多段线后回车即可)

任务七　绘制射线与构造线

1. 绘制射线

此命令用于创建开始于一个起点并无限延伸的线。

启动命令:在命令行输入"RAY",或者单击菜单栏中的"绘图"→"射线"。

执行命令,AutoCAD 提示如下。

指定起点:(指定射线的起点位置)

指定通过点:(指定射线通过的任意一点。确定该点后,所绘制的射线通过该指定点)

指定通过点:(在此回车结束命令,也可以继续指定通过点来绘制射线)

2. 绘制构造线

构造线是指通过某两点并确定了方向,且向两个方向无限延伸的直线,一般用作辅助线,绘制其图形轮廓后再修剪。

启动命令：在命令行输入"XLINE"后回车，或者单击菜单栏中的"绘图"→"构造线"，或者单击工具栏图标 ✕。

执行命令，AutoCAD 提示如下。

指定点或[水平(H)/垂直(V)/角度(A)/二等分(B)/偏移(O)]：

(1) 指定点。

此命令通过指定构造线所通过的两个点绘制构造线。如执行此选项，AutoCAD 提示如下。

指定通过点：（在此确定另一点，即可绘制出通过指定两点的构造线）

指定通过点：（也可以在这样的提示下继续确定点，可绘制出通过第一点与新指定点的一系列构造线）

(2) 水平(H)。

此命令绘制通过指定点的水平构造线。如执行此选项，AutoCAD 提示如下。

指定通过点：（在此指定一点，即可绘制出通过该点的水平构造线）

指定通过点：（也可以在这样的提示下继续确定点，可绘制出通过对应点的一系列水平构造线）

(3) 垂直(V)。

此命令绘制通过指定点的垂直构造线。如执行此选项，AutoCAD 提示如下。

指定通过点：（在此指定一点，即可绘制出通过该点的垂直构造线）

指定通过点：（也可以在这样的提示下继续确定点，可绘制出通过对应点的一系列垂直构造线）

(4) 角度(A)。

此命令绘制与 X 轴正向或与已有直线之间的夹角为指定角度的构造线。如执行此选项，AutoCAD 提示如下。

输入构造线的角度(0)或[参照(R)]：

如果按照默认选项直接输入角度后回车，AutoCAD 提示如下。

指定通过点：（在此指定一点，即可绘制出通过该点且与 X 轴正方向之间的夹角为指定角度的构造线）

指定通过点：（也可以在这样的提示下继续确定点，可绘制出一系列对应的构造线）

如果选择"参照(R)"选项后回车，则 AutoCAD 提示如下。

选择直线对象：（选择已有直线）

输入构造线的角度<0>：（输入对应的角度值）

指定通过点：（在此指定一点，即可绘制出通过该点且与指定直线的夹角为指定角度的构造线）

指定通过点：（也可以在这样的提示下继续确定点，可绘制出一系列对应的构造线）

(5) 二等分(B)。

此命令绘制能够平分两相交直线夹角的构造线。如执行此选项，AutoCAD 提示如下。

指定角的顶点：（指定角的顶点位置）

指定角的起点:(指定角的起点位置)

指定角的端点:(指定角的端点位置,此后绘制出相应的构造线)

指定角的端点:(也可以在这样的提示下继续确定点,即可绘制出一系列平分由顶点、起点和新端点所确定角的构造线)

(6) 偏移(O)。

此命令绘制平行于已有直线的构造线。执行此选项,AutoCAD 提示如下。

指定偏移距离或[通过(T)]:

如果直接输入偏移距离,回车后,AutoCAD 提示如下。

选择直线对象:(选择已有直线)

指定向哪侧偏移:(相对于已有直线,在要偏移的一侧任意拾取一点,即可绘制出对应的构造线)

选择直线对象:(也可以继续选择已有直线,绘制与其平行且距离为已指定值的构造线)

如果选择"通过(T)",则绘制通过指定点且平行于已有直线的构造线。执行该选项,AutoCAD 提示如下。

选择直线对象:(选择已有直线)

指定通过点:(在此指定一点,即可绘制出通过该点且平行于所选直线的构造线)

选择直线对象:(也可以继续选择已有直线,绘制与其平行且通过新指定对象的构造线)

任务八　图案填充

1. 图案填充命令

启动命令:在命令行输入"BH"后回车,或者单击菜单栏中的"绘图"→"图案填充",或者单击工具栏图标 。

执行命令,AutoCAD 弹出"图案填充和渐变色"对话框,如图 2.15 所示。

如弹出对话框与图示对话框不一致,请单击对话框中位于右下角位置的按钮 ,即可展开与图示一致的对话框。

此对话框中有"图案填充"和"渐变色"两个选项卡,下面分别介绍这两个选项卡中主要项的功能。

1)"图案填充"选项卡

(1)"类型和图案"区。

此区域用于指定填充图案的类型和图案。

①"类型"下拉列表框。

该列表框用于选择图案的类型。列表中有"预定义"、"用户定义"和"自定义"3 种选择。其中:预定义图案是 AutoCAD 提供的图案,这些图案存储在图案文件 acadiso. pat 中(图案文件的扩展名为 pat);用户定义的图案由一组平行线或相互垂直的两组平行线组成,其线型采用图形中的当前线型;自定义图案是在自定义图案文件中的图案。

②"图案"下拉列表框。

只有在"类型"下拉列表框中选择了"预定义"选项时,"图案"下拉列表框才有效。用户可

图 2.15 "图案填充和渐变色"对话框

以直接通过下拉列表选择图案,也可以单击列表框右侧的按钮 [...],弹出"填充图案选项板"对话框,如图 2.16 所示,在此选项板中有四个选项卡,通过点选可以选择自己想要的填充图案。

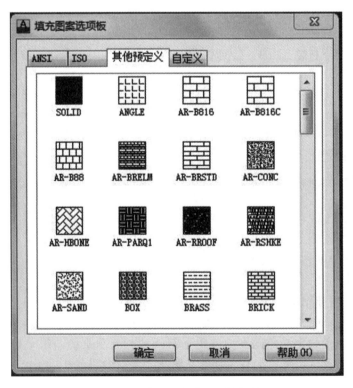

图 2.16 "填充图案选项板"对话框

③"颜色"。

该框用于指定填充图案的颜色,其默认值为当前图线的颜色。

④"样例"框。

该框显示所选图案的预览图像。单击该按钮,也会弹出如图2.16所示的"填充图案选项板"对话框,用于选择图案。

(2)"角度和比例"区。

此区域用于指定图案填充时线的倾斜角度和间隔比例。

①"角度"下拉列表框。

该列表框用于指定填充图案时的图案旋转角度,用户可以直接输入角度值,也可以从对应的下拉列表中选择。

②"比例"下拉列表框。

该列表框用于指定填充图案时图案的间隔比例值。用户可以直接输入比例值,也可以从对应的下拉列表中选择。

③"间距"文本框、"双向"复选框。

当图案填充类型采用"用户定义"时,可以通过"间距"文本框设置填充平行线之间的距离,通过"双向"复选框确定填充线是一组平行线,还是相互垂直的两组平行线。默认的预定义状态下这两个选项是呈灰色不可用状态。

(3)"图案填充原点"区。

此区域用于确定生成填充图案时的起始位置,以满足某些填充图案需要与图案填充边界上的某一点对齐的情况。

该区域中,"使用当前点"单选按钮表示将使用存储在系统变量HPORIGINMODE中的设置来确定原点,其默认设置为(0,0)。"指定的原点"单选按钮表示将指定新的图案填充原点,此时从对应的选项中选择即可。

(4)"边界"区。

此区域用于确定图案填充边界。

①"添加:拾取点"按钮。

单击该按钮,AutoCAD临时切换到绘图屏幕,并提示如下。

拾取内部点或[选择对象(S)/删除边界(B)]:

此时在所要填充的封闭区域内单击鼠标左键,AutoCAD会自动确定出包围该点的封闭填充边界,同时以虚线形式显示这些边界,如图2.17所示。指定填充边界后回车,AutoCAD返回到"图案填充和渐变色"对话框。

当给出"拾取内部点或[选择对象(S)/删除边界(B)]:"提示时,还可以通过"选择对象(S)"选项来选择作为填充边界的对象;通过"删除边界(B)"选项取消已选择的填充边界。

②"添加:选择对象"按钮。

该按钮用于根据构成封闭区域的选定对象来确定边界。单击该按钮,AutoCAD临时切换到绘图屏幕,并提示如下。

选择对象或[拾取内部点(K)/删除边界(B)]:

此时可以直接选择作为填充边界的对象,还可以通过"拾取内部点(K)"选项以拾取点的方式确定对象,通过"删除边界(B)"选项取消已选择的填充边界。确定了填充边界后回车,

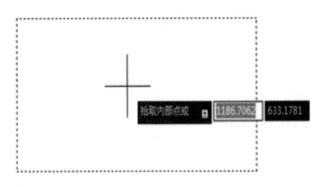

图 2.17　拾取内部点

AutoCAD 返回"图案填充和渐变色"对话框。

③"删除边界"按钮。

该按钮用于从已确定的填充边界中取消某些边界对象。单击该按钮，AutoCAD 临时切换到绘图屏幕，并提示如下。

选择对象或[添加边界(A)]：

此时可以选择要删除的对象，也可以通过"添加边界(A)"选项确定新边界。取消或添加填充边界后回车，AutoCAD 返回"图案填充和渐变色"对话框。

④"重新创建边界"按钮。

该按钮用于围绕选定的填充图案或填充对象创建多段线或面域，并使其与填充的图案对象相关联。如果未定义图案填充，则此选项不可使用。单击该按钮，AutoCAD 临时切换到绘图屏幕，并提示如下。

输入边界对象类型[面域(R)/多段线(P)]：

从提示中执行某一选项后，AutoCAD 继续提示如下。

要重新关联图案填充与新边界吗？[是(Y)/否(N)]：

此提示询问用户是否将新边界与填充的图案建立关联。

⑤"查看选择集"按钮。

该按钮用于查看所选择的填充边界。单击该按钮，AutoCAD 临时切换到绘图屏幕，将已选择的填充边界以虚线形式显示，同时提示：

＜按 Enter 或单击鼠标右键返回到对话框＞

响应此提示，回车或单击鼠标右键，AutoCAD 返回到"边界图案填充"对话框。

（5）"选项"区。

此选项组用于控制几个常用的图案填充设置。

①"注释性"复选框。

该框用于指定所填充的图案是否为注释性图案。

②"关联"复选框。

该框用于控制所填充的图案与边界是否建立关联关系。一旦建立了关联关系，当通过编辑命令修改填充边界后，对应的填充图案会给予更新，以与边界相适应。

③"创建独立的图案填充"复选框。

选中该复选框表示创建多个图案填充，否则创建单一的图案填充对象。

④"绘图次序"下拉列表框。

该框为填充图案指定绘图次序。填充的图案可以放在所有其他对象之后、所有其他对象之前、图案填充边界之后或图案填充边界之前等。

⑤"图层"下拉列表框。

要在指定的图层绘制新填充对象只需从下拉列表中选择即可,其中"使用当前项"表示采用默认图层。

⑥"透明度"下拉列表框。

要设置新填充图案对象的透明程度只需从下拉列表中选择即可,其中"使用当前项"表示采用默认的对象透明度设置。

(6)"继承特性"按钮。

选择图形中已有的填充图案作为当前填充图案,单击此按钮,AutoCAD 临时切换到绘图屏幕,并提示如下。

选择图案填充对象:(选择某一填充图案)

拾取内部点或[选择对象(S)/删除边界(B)]:(通过拾取内部点或其他方式确定填充边界,如果在此之前已确定了填充区域,则没有该提示)

拾取内部点或[选择对象(S)/删除边界(B)]:

在此提示下可以继续确定填充边界,如果回车,AutoCAD 返回到"图案填充和渐变色"对话框。

(7)"孤岛"区。

填充图案时,AutoCAD 将位于填充区域内的封闭区域称为孤岛。当存在"孤岛"时需确定图案的填充方式。当以拾取点的方式确定填充边界后,AutoCAD 会自动确定出包围该点的封闭填充边界,同时还会自动确定出对应的孤岛边界,如图 2.18 所示。

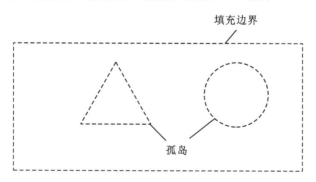

图 2.18　AutoCAD 自动确定填充边界与孤岛

"孤岛检测"复选框用于确定是否进行孤岛检测以及选择孤岛检测方式,选中该复选框表示要进行孤岛检测。

AutoCAD 对孤岛的填充方式有"普通""外部"和"忽略"3 种选择。位于"孤岛检测"复选框下面的 3 个图像按钮形象地说明了它们的填充效果,效果如图 2.19 所示。

"普通"填充方式的填充过程:AutoCAD 从最外部边界向内填充,遇到与之相交的内部边界时断开填充线,再遇到下一个内部边界时继续填充。

"外部"填充方式的填充过程:AutoCAD 从最外部边界向内填充,遇到与之相交的内部边

  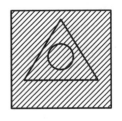

(a) 普通　　　　　　　　(b) 外部　　　　　　　　(c) 忽略

图 2.19　填充效果图

界时断开填充线,不再继续填充。

"忽略"填充方式的填充过程:AutoCAD 忽略边界内的对象,所有内部结构均要被填充图案覆盖。

(8)"边界保留"区。

该区用于指定是否将填充边界保留为对象。如果保留,还可以确定对象的类型。其中,"保留边界"复选框表示将根据图案的填充边界再创建一个边界对象,并将它们添加到图形中。"对象类型"下拉列表框用于控制新边界对象的类型,可以通过下拉列表框在"面域"或"多段线"之间选择。

(9)"边界集"区。

当以拾取点的方式确定填充边界时,该区用于定义 AutoCAD 确定填充边界的对象集,即 AutoCAD 将根据哪些对象来确定填充边界。

(10)"允许的间隙"选项。

AutoCAD 允许将实际上并没有完全封闭的边界作为填充边界。如果在"公差"文本框中指定了值,该值就是 AutoCAD 确定填充边界时可以忽略的最大间隙,即如果边界有间隙,且各间隙均小于或等于设置的允许值,那么这些间隙均会被忽略,AutoCAD 将对应的边界视为封闭边界。

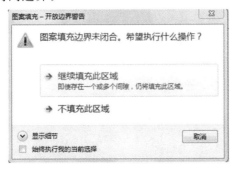

图 2.20　"图案填充-开放边界警告"对话框

如果在"公差"文本框中指定了值(允许值为 0~5000),当通过"添加:拾取点"按钮指定的填充边界为非封闭边界且边界间隙小于或等于设定的值时,AutoCAD 会弹出如图 2.20 所示的"图案填充-开放边界警告"对话框。

此时用户可以根据需要选择"继续填充此区域"或"不填充此区域",而后根据提示继续操作,也可以单击"取消"按钮,返回到"图案填充和渐变色"对话框。

(11)"继承选项"区。

当利用"继承特性"按钮创建图案填充时,需控制图案填充原点的位置。

①"使用当前原点"选项。

选择该选项表示将使用当前的图案填充原点设置进行填充。

②"用源图案填充的原点"选项。

选择该选项表示将使用源图案填充的原点进行填充。

2）"渐变色"选项卡

单击"图案填充和渐变色"对话框中的"渐变色"选项卡，AutoCAD 切换到"渐变色"选项卡，如图 2.21 所示。

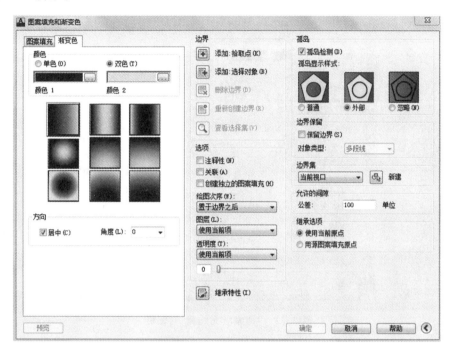

图 2.21　"渐变色"选项卡

该选项卡用于以渐变方式进行填充。其中，"单色"和"双色"两个单选项用于确定是以一种颜色填充，还是以两种颜色填充。单击位于"单色"单选按钮下方的按钮，AutoCAD 将弹出"选择颜色"下拉列表框，用来确定填充颜色。当以一种颜色填充时，可以利用位于"双色"单选按钮下方的滑块调整所填充颜色的对比度。当以两种颜色填充时，位于"双色"单选项下方的滑块变成与其左侧相同的颜色框和按钮，用于确定另一种颜色。位于选项卡左侧中间位置的 9 个图像按钮用于确定填充方式。此外，还可以通过"居中"复选框指定是否采用对称形式的渐变配置，通过"角度"下拉列表框确定以渐变方式填充时图案的旋转角度。

2. 编辑图案填充

启动命令的方法：在命令行输入"HAT"后回车，或单击菜单栏中的"修改"→"图案填充"，或单击"修改Ⅱ"工具栏图标 ![icon]。

执行命令，AutoCAD 提示如下。

选择图案填充对象：

在该提示下选择已有的填充图案，AutoCAD 弹出"图案填充编辑"对话框，如图 2.22 所示。

对话框中，只有用正常颜色显示的项才可以被用户操作。该对话框中各选项的含义与"图案填充和渐变色"对话框中各对应项的含义相同。利用此对话框，用户可以对已填充的图案进行更改填充图案、填充比例及旋转角度等操作。

图 2.22 "图案填充编辑"对话框

习题

1. 建立新图形文件,绘图区域为 200×200。绘制如图 2.23 所示的图形。

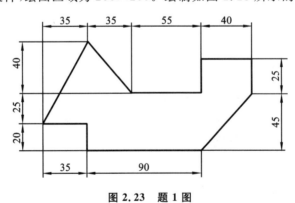

图 2.23 题 1 图

2. 建立图形文件,绘图区域为 420×297。绘制如图 2.24 所示的图形,已知外面的矩形尺寸为 200×150,里面的矩形尺寸为 150×80。

3. 建立新图形文件,绘图区域为 200×200。绘制如图 2.25 所示的图形,已知 AB 长为 100,BC 长为 88,AC 长为 50,CD 垂直于 AB。绘制 $\triangle CDB$ 的内切圆及 $\triangle ABC$ 的外接圆。

4. 绘制如图 2.26 所示的图形,线宽为 10,其他尺寸自行设定(类似形即可)。

5. 绘制如图 2.27 所示的图形。

6. 绘制如图 2.28 所示的图形。

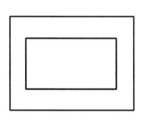

图 2.24　题 2 图

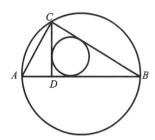

图 2.25　题 3 图

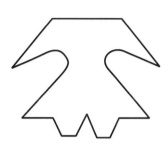

图 2.26　题 4 图

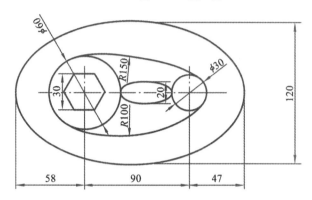

图 2.27　题 5 图

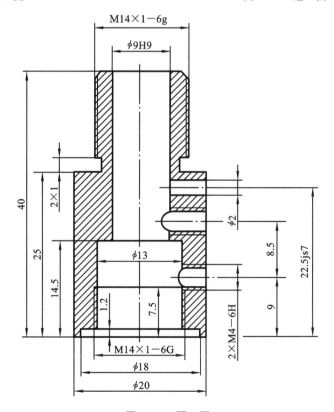

图 2.28　题 6 图

项目三　基本编辑命令

学习目标

(1) 了解在 AutoCAD 中编辑二维图形对象时常用的基本方法。

(2) 熟练掌握对象选择、图形删除与恢复、图形复制与移动等基本图形编辑命令。

知识要点

对象的选择方式、复制对象、调整对象位置、调整对象的形状、编辑对象、利用夹点进行对象编辑等知识。

绘图技巧

用 AutoCAD 绘制某一工程图时，一般可以用多种方法实现。例如，绘制已有直线的平行线时，既可以用 COPY（复制）命令，也可以用 OFFSET（偏移）命令，具体采用哪种方法取决于用户的绘图习惯、对 AutoCAD 的熟练程度以及具体绘图要求，只有多练习，才能熟能生巧。

夹点编辑的妙用：图形拉伸、拉长、移动的操作，用夹点编辑命令即可方便快捷地完成；对于图形绘制过程中的一些相同元素，我们可以根据图形的实际情况灵活运用复制、镜像等命令生成，这样可以大大减少绘图工作量，提高绘图效率。

任务一　对象选择

编辑图形是指在绘图过程中对图形进行修改。图形的编辑命令一般包括复制、删除、旋转等。通过"修改"菜单（见图 3.1），或者通过"修改"工具栏（见图 3.2），可以执行 AutoCAD 的大部分编辑命令。

对现有的图形进行编辑，AutoCAD 提供了两种不同的编辑顺序：先下达编辑命令，再选择对象；先选择对象，再下达编辑命令。

不论采用何种方式，在二维图形的编辑过程中，都需要进行选择图形对象的操作。AutoCAD 为用户提供了多种选择对象的方式，在通常情况下，用户可通过鼠标逐个点取被编辑的对象，也可以利用矩形窗口、交叉矩形窗口选取对象，还可以利用多边形窗口、交叉多边形窗口等方法选取对象。对于不同图形、不同位置的对象可使用不同的选择方式，这样可提高绘图的工作效率。

1. 选择单个对象

选择单个对象的方法称为点选。由于只能选择一个图形元素，所以又称单选。这种对象的选择方法有以下两种。

图 3.1　"修改"菜单

图 3.2　"修改"工具栏

（1）单击直接选择。

直接单击图形对象进行选择，被选中的对象将以带有夹点的虚线显示，如图 3.3 所示，如果需要选择多个图形对象，可以继续单击需要选择的图形对象。

（2）工具栏选择。

启动编辑命令或其他命令后，提示"选择对象"时，光标显示为小方框，即拾取框，移动光标到所选择的对象上，单击鼠标左键，该对象显示为虚线时即为选中，如图 3.4 所示。如果需要连续选择多个对象，可以继续选择其他对象。

图 3.3　点击选取

图 3.4　拾取框选取

2. 选择全部对象

"选择全部对象"命令的执行方法有以下几种。

（1）当提示"选择对象"时，输入"ALL"→按"Enter"键。

（2）菜单："编辑"→"全部选择"。

（3）采用组合键：Ctrl＋A。

（4）利用鼠标左键拉框选择。

3. 快速选择

在绘图过程中,使用快速选择功能,可以快速将指定类型的对象或具有指定属性值的对象选中,"快速选择"命令的执行方式有以下几种。

（1）使用光标菜单,在绘图窗口内右击鼠标,并在弹出的光标菜单中选择"快速选择"选项。

（2）菜单栏:"工具"→"快速选择"。

（3）在命令行输入"QSE"后回车。

当启用"快速选择"命令后,系统弹出如图 3.5 所示的"快速选择"对话框,通过该对话框可以快速选择所需的图形元素。

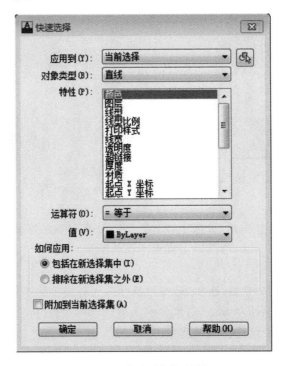

图 3.5 "快速选择"对话框

4. 矩形窗口选择

利用鼠标左键指定两点,以这两点为对角线构成一个矩形框,则包含在矩形框内的对象均被选中。

操作过程:当提示"选择对象"时,用鼠标左键单击确定窗口的一个顶点,移动鼠标,再单击鼠标左键,确定另一个对角顶点。

注意:从左到右移动鼠标确定矩形时,只有全部包含在矩形框内的对象被选中,和矩形框交叉的对象不会被选中,如图 3.6 所示,只有短直线被选中;从右到左移动鼠标确定矩形时,和矩形框交叉的对象也会被选中,如图 3.7 所示,所有图元都被选中。

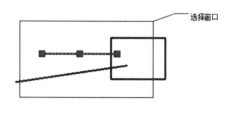

图 3.6　从左到右窗选

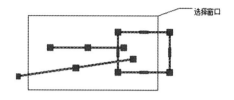

图 3.7　从右到左窗选

5. 窗交矩形窗口选择

当提示"选择对象"时,输入"C"后按"Enter"键,可以通过窗口方式选择对象,无论从哪一个方向拖动鼠标确定窗口,凡是与窗口相交的所有对象以及窗口内的所有对象均被选取。

6. 不规则矩形窗口选择

使用一个不规则的多边形来选择对象。当提示"选择对象"时,输入"WP"后按"Enter"键,用户依次输入构成多边形所有顶点的坐标后按"回车"键结束操作,系统将自动连接第一个顶点与最后一个顶点形成封闭的多边形。凡是被多边形围住的对象均被选中(不包括边界)。

7. 不规则交叉窗口选择

当提示"选择对象"时,输入"CP"(交叉多边形)后按"Enter"键,则可以构造一个不规则多边形,在此多边形内的对象以及一切与多边形相交的对象均被选中(此时的多边形框是虚线框,它类似于从右向左定义的矩形窗口的选择方法)。

8. 栏选

当提示"选择对象"时,输入"F"后按"Enter"键,系统提示如下。

第一栏选点:(指定围线第一点)

指定直线的端点或[放弃(U)]:(指定一些点,形成折线,与该折线相交的对象均被选中)

9. 取消选择

按键盘 "ESC"键或者在绘图窗口内单击鼠标右键,在菜单中选择"全部不选"命令。

任务二　复 制 对 象

对图形中相同的或相近的对象,不论其复杂程度如何,完成一个后便可以通过复制命令产生其他的若干个。复制可由偏移、镜像、复制、阵列等命令完成,通过复制命令的使用可以减轻大量的重复劳动。

1. 偏移

该命令的功能是对选择的对象产生一条或多条等距线,适用于直线段、圆弧、圆、二维复合线、圆环、多边形等对象,所产生的等距线与原图形的线型、颜色和图层环境相同。对于直线而言,偏移的直线和原来的平行,长度相等;对于圆而言,偏移的圆和原来的同心;对于圆弧而言,偏移的圆弧和原来的同心,且圆心角相等。偏移对象的示例如图 3.8 所示。

(a)直线偏移   (b)圆偏移   (c)圆弧偏移

图3.8　偏移对象示例

(1) 按"输入距离"偏移方式。

启动命令的方法:在命令行输入"O"后回车或单击菜单栏中的"修改"→"偏移"或单击工具栏图标◰。

执行命令,AutoCAD 提示如下。

指定偏移距离或[通过(T)/删除(E)/图层(L)]<10>:(指定偏移距离)

选择要偏移的对象或[退出(E)/放弃(U)]<退出>:(选择偏移对象)

指定要偏移的那一侧上的点或[退出(E)/多个(M)/放弃(U)]<退出>:(指定偏移方向,可选择的方向有上、下、左、右、内、外)

选择要偏移的对象或[退出(E)/放弃(U)]<退出>:(重新选择偏移对象,如果偏移距离相同,可操作多次或按"Enter"键退出)

其他选项说明如下。

删除(E):设定是否在偏移后删除源对象,缺省值为不删除。

多个(M):对选定的目标做多次偏移,每次偏移距离相同。

退出(E):退出偏移命令(一般用单击鼠标右键结束命令)。

放弃(U):放弃前一个偏移操作。

(2) 按"通过指定点"偏移方式。

该命令操作方法同按"输入距离"偏移方式。

启动命令的方法:在命令行输入"O"后回车,或单击菜单栏中的"修改"→"偏移",或单击工具栏图标◰。

执行命令,AutoCAD 提示如下。

指定偏移距离或[通过(T)/删除(E)/图层(L)]<通过>:(输入"T")

选择要偏移的对象或[退出(E)/放弃(U)]<退出>:(选择要偏移的对象)

指定通过点或[退出(E)/多个(M)/放弃(U)]<退出>:(指定偏移对象的通过点)

选择要偏移的对象或[退出(E)/放弃(U)]<退出>:(重新选择偏移对象,可操作多次或按"Enter"键退出)

注意:一次只能选择一个偏移对象,不能用窗选方式选择。

2. 镜像

该命令的功能是将对象沿某一条直线对称复制,如图3.9所示。

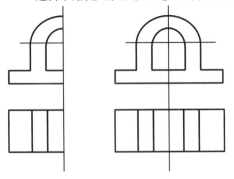

(a)镜像前   (b)镜像后

图3.9　镜像对象示例

启动命令的方式:在命令行输入"MI"后回车,或单击菜单栏中的"修改"→"镜像",或单击工具栏图标 ◮ 。

执行命令,AutoCAD 提示如下。

选择对象:(选择要镜像的对象)

选择对象:(继续选择对象或按"Enter"键)

指定镜像线的第一点:(指定一个直线上的点)

指定镜像线的第二点:(两点连线构成对称线)

是否删除源对象?[是(Y)/否(N)]<N>:(如果要删除源对象,输入"Y",缺省值为否(N))

该命令一般用于对称的图形,可以只绘制对称图形其中的一半甚至是四分之一,然后采用镜像命令产生对称的部分。而对于文字的镜像,要通过 MIRRTEXT 变量来控制是否使文字和其他的对象一样被镜像。如果变量为 0,则文字不进行镜像处理;如果变量为 1(缺省设置),文字和其他的对象一起被镜像。

3. 复制

该命令的功能是将所选的对象复制到一个或多个指定的位置,原来所选定的对象保持不变,如图 3.10 所示。

启动命令的方法:在命令行输入"CO"后回车,或单击菜单栏中的"修改"→"复制",或单击工具栏图标 ⌗ 。

执行命令,AutoCAD 提示如下。

选择对象:(选择要复制的对象)

选择对象:(继续选择对象或按"Enter"键)

指定基点或[位移(D)]<位移>:(基点:复制前的参考点)

指定第二个点或 <使用第一个点作为位移>:(可输入相对坐标,如@100,0,或距离)

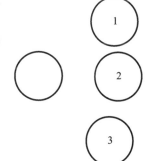

图 3.10　"复制"示例

指定第二个点或[退出(E)/放弃(U)]<退出>:(可连续复制,也可以单击鼠标右键退出)

4. 阵列

该命令的功能是对选中的对象进行一次或多次复制,并构成一种规则的模式排列,如图3.11 所示。

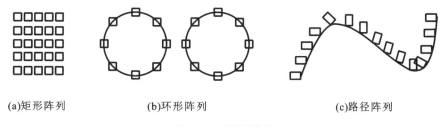

(a)矩形阵列　　　　　(b)环形阵列　　　　　(c)路径阵列

图 3.11　阵列形式

(1)创建矩形阵列。

启动命令的方法:在命令行输入"AR"后回车,或单击菜单栏中的"修改"→"矩形阵列",或单击工具栏图标 ⊞ 。

执行命令,AutoCAD 提示如下。

选择对象:(选择要阵列的对象)

选择对象:(继续选择对象或按"Enter"键)

选择夹点以编辑阵列或[关联(AS)基点(B)计数(COU)间距(S)列数(COL)行数(R)层数(L)退出(X)]＜退出＞(可以对行数、列数、行间距等信息进行修改设置)

最后可按"Enter"键结束命令。矩形阵列示例如图 3.11(a)所示。

(2) 创建环形阵列。

启动命令的方法:在命令行输入"ARRAYPOLAR"后回车,或单击菜单栏中的"修改"→"环形阵列",或单击工具栏图标 。

执行命令,AutoCAD 提示:

选择对象:(选择要阵列的对象)

选择对象:(继续选择对象或按"Enter"键)

指定阵列的中心点或[基点(B)旋转轴(A)]:(指定中心点等)

选择夹点以编辑阵列或[关联(AS)基点(B)项目(I)项目间角度(A)填充角度(F)行(ROW)层(L)旋转项目(ROT)退出(X)]＜退出＞:(可以根据相关需求对有关参数进行设置)

最后可按"Enter"键结束命令。环形阵列示例如图 3.11(b)所示。

(3) 创建路径阵列。

启动命令的方法:在命令行输入"ARRAYPATH"后回车,或单击菜单栏中的"修改"→"路径阵列",或单击工具栏图标 。

执行命令,AutoCAD 提示:

选择对象:(选择要阵列的对象)

选择对象:(继续选择对象或按"Enter"键)

选择路径曲线:(选择要阵列的路径)

选择夹点以编辑阵列或[关联(AS)方法(M)基点(B)切向(T)项目(I)行(R)层(L)对齐项目(A)方向(Z)退出(X)]＜退出＞:(可以根据相关需求对有关参数进行设置)

最后可按"Enter"键结束命令。路径阵列示例如图 3.11(c)所示。

任务三　编　辑　对　象

下面主要讲解一些改变图形形状、大小及有关特性的一些常用编辑命令,例如倒圆角、倒直角、延伸、合并等。

1. 倒圆角

该命令的功能是将两个对象用圆弧光滑连接,如图 3.12 所示。

(a)倒圆角前　　　　　　　　　　　　　(b)倒圆角后

图 3.12　倒圆角示例

启动命令的方法:在命令行输入"FILLET"后回车,或单击菜单栏中的"修改"→"圆角",或左键单击工具栏图标 。

执行命令,AutoCAD 提示如下。

当前设置:模式 ＝ 修剪,半径 ＝ 0.0000

选择第一个对象或〔放弃(U)/多段线(P)/半径(R)/修剪(T)/多个(M)〕:(选择一个对象或选项)

提示中,第一行说明当前的创建圆角操作采用了"修剪"模式,且圆角半径为 0。第二行的含义如下所述。

(1) 选择第一个对象:此提示要求选择创建圆角的第一个对象,为默认项。用户选择后,AutoCAD 提示:

选择第二个对象,或按住"Shift"键选择要应用角点的对象:(选择第二个对象)

在此提示下选择另一个对象,AutoCAD 按当前的圆角半径设置对它们创建圆角。如果按住"Shift"键选择相邻的另一对象,则可以使两对象准确相交。系统即可按当前设置完成倒圆角操作。

(2) 多段线(P):对二维多段线创建圆角。

(3) 半径(R):设置圆角半径。

(4) 修剪(T):确定创建圆角操作的修剪模式。

(5) 多个(M):执行该选项则用户选择两个对象创建圆角后,可以继续对其他对象创建圆角,不必重新执行 FILLET 命令。

2. 倒直角

倒直角示例如图 3.13 所示。

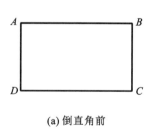
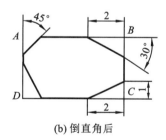

(a) 倒直角前 　　　　(b) 倒直角后

图 3.13　倒直角示例

启动命令的方法:在命令行输入"CHA"后回车,或单击菜单栏的"修改"→"倒角",或单击工具栏图标 。

执行命令,AutoCAD 提示如下。

("修剪"模式)当前倒角距离 1 ＝ 0.0000,距离 2 ＝ 0.0000

选择第一条直线或〔放弃(U)/多段线(P)/距离(D)/角度(A)/修剪(T)/方式(E)/多个(M)〕:(选择一直线或选项)

下面是对第二行提示各项含义的解释及应用示例。

(1) 放弃(U):连续多次应用倒角命令过程中放弃上一次操作。

（2）多段线（P）：选择该项后，可将所选多段线的各相邻边进行倒角。

选择第一条直线或［放弃（U）/多段线（P）/距离（D）/角度（A）/修剪（T）/方式（E）/多个（M）］：（输入"P"）

选择二维多段线：（将对整条多段线上所有的交点倒角，各交点的倒角距离相同）

按照上面过程，最终系统完成倒角操作，结果如图 3.14 所示。

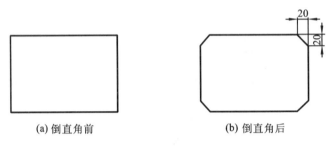

(a) 倒直角前   (b) 倒直角后

图 3.14 多段线倒角示例

（3）距离（D）：通过指定相同或不同的第一个和第二个倒角距离，对图形进行倒角。该距离是指从被连接的对象与斜线的交点到被连接的两对象的可能交点之间的距离，缺省值是 0。

选择第一条直线或［放弃（U）/多段线（P）/距离（D）/角度（A）/修剪（T）/方式（E）/多个（M）］：（输入"D"）

指定第一个倒角距离 ＜0.0000＞：（输入第一个倒角距离）

指定第二个倒角距离 ＜0.0000＞：（缺省值为第一个倒角距离）

选择第一条直线或［放弃（U）/多段线（P）/距离（D）/角度（A）/修剪（T）/方式（E）/多个（M）］：（选择一直线）

选择第二条直线，或按住"Shift"键选择要应用角点的直线：（选择第二条直线）

（4）角度（A）：根据倒角距离和角度设置倒角尺寸。

选择第一条直线或［放弃（U）/多段线（P）/距离（D）/角度（A）/修剪（T）/方式（E）/多个（M）］：（输入"A"）

指定第一条直线的倒角长度 ＜0.0000＞：（指定第一个倒角距离）

指定第一条直线的倒角角度 ＜0＞：（指定倒角角度）

选择第一条直线或［放弃（U）/多段线（P）/距离（D）/角度（A）/修剪（T）/方式（E）/多个（M）］：（选择一直线）

选择第二条直线，或按住"Shift"键选择要应用角点的直线：（选择第二条直线）

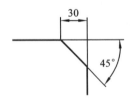

图 3.15 指定距离、角度方式倒角示例

按照上面过程完成倒角操作，结果如图 3.15 所示。

（5）修剪（T）：设置倒角后是否保留原倒角边，缺省值为"修剪（T）"模式。

选择第一条直线或［放弃（U）/多段线（P）/距离（D）/角度（A）/修剪（T）/方式（E）/多个（M）］：（输入"T"）

输入修剪模式选项［修剪（T）/不修剪（N）］＜修剪＞：（指定修剪或不修剪）

最终的修剪与不修剪模式倒角的结果如图 3.16 所示。

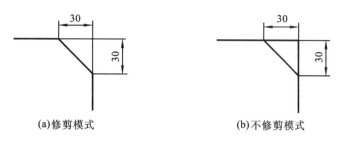

(a)修剪模式 　　　　　　　(b)不修剪模式

图 3.16　倒角模式示例

（6）方式（E）：确定将以什么方式倒角，即根据已设置的两倒角距离倒角，还是根据距离和角度设置倒角。

（7）多个（M）：选择该项后，可对多组图形进行倒角，而不必重新启动命令。

选择第一条直线或［放弃（U）/多段线（P）/距离（D）/角度（A）/修剪（T）/方式（E）/多个（M）］：（输入"M"）

可连续多次应用倒角命令。

注意：倒角命令只能应用于两直线之间，不能应用于曲线。

3．修剪

绘图过程中经常需要修剪图形，将超出的部分去掉，以便使图形精确相交。修剪命令是比较常用的编辑工具。用户在绘图过程中通常是先粗略绘制一些线段，然后使用修剪命令将多余的线段修剪掉。修剪示例如图 3.17 所示。

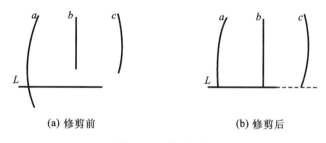

(a) 修剪前 　　　　　　　(b) 修剪后

图 3.17　修剪示例

启动命令的方法：在命令行输入"TR"后回车，或单击菜单栏中的"修改"→"修剪"，或单击工具栏图标 ![icon] 。

执行命令，AutoCAD 提示如下。

当前设置：投影＝UCS 边＝无

选择剪切边 ...

选择对象或 ＜全部选择＞：（选完剪切边后，一定要单击鼠标右键或回车结束选择剪切边；若直接单击鼠标右键，则将选中图中所有的对象为剪切边，这种方法很常用）

选择要修剪的对象，或按住"Shift"键选择要延伸的对象，或［栏选（F）/窗交（C）/投影（P）/边（E）/删除（R）/放弃（U）］：（选择要修剪的对象，如果按住"Shift"键，切换到延伸命令）

按"Enter"键结束命令。

以上各项提示的含义和功能说明如下。

要修剪的对象：指定要修剪的对象。

栏选(F):指定栏选点,将多个对象修剪成单一对象。

窗交(C):通过指定两个对角点来确定一个矩形窗口,选择该窗口内部或与矩形窗口相交的对象。

投影(P):指定在修剪对象时使用的投影模式。

边(E):修剪对象的假想边界或与之在三维空间相交的对象。

删除(R):在执行修剪命令的过程中将选定的对象从图形中删除。

放弃(U):撤销最近对对象进行的修剪操作。

4. 延伸

延伸是以指定的对象为边界,延伸某对象与之精确相交。延伸示例如图 3.18 所示。

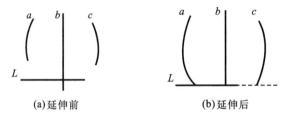

(a)延伸前　　　　　　　　　　(b)延伸后

图 3.18　延伸示例

启动命令的方法:在命令行输入"EX"后回车,或单击菜单栏中的"修改"→"延伸",或单击工具栏图标 ➡️。

执行命令,AutoCAD 提示如下。

当前设置:投影=UCS 边=无

选择边界的边...

选择对象或 <全部选择>:(选完边界的边后,一定要单击鼠标右键或回车结束选择界限边,若直接单击鼠标右键,则选中图中所有的对象为界限边,这种方法很常用)

选择要延伸的对象,或按住"Shift"键选择要修剪的对象,或[栏选(F)/窗交(C)/投影(P)/边(E)/放弃(U)]:(选择要延伸的对象,如果按住"Shift"键,则切换到修剪命令)

按"Enter"键结束命令。

以上各项提示的含义和功能说明如下。

栏选(F):进入"栏选"模式,可以选取栏选点,栏选点为要延伸的对象上的开始点,再延伸多个对象到一个对象。

窗交(C):进入"窗交"模式,通过从右到左指定两个对角点定义选择区域内的所有对象,再延伸所有的对象到边界对象。

投影(P):选择对象延伸时的投影方式。

边(E):若边界对象的边和要延伸的对象没有实际交点,但又要将指定对象延伸到两对象的假想交点处,可选择边模式。

放弃(U):放弃之前对对象的延伸处理。

5. 打断

该命令的功能是将直线段、弧线段、多段线和多边形等对象进行断开。打断示例如图3.19所示。

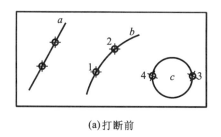

(a)打断前

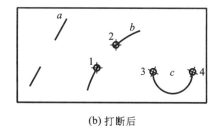

(b)打断后

图 3.19　打断示例

启动命令的方法:在命令行输入"BR"后回车,或单击菜单栏中的"修改"→"打断",或单击工具栏图标 。

执行命令,AutoCAD 提示如下。

选择对象:(选择第一个断开点)

指定第二个打断点或[第一点(F)]:(指定第二个打断点,如果输入"F",则重新选择第一点)

以上各项提示的含义和功能说明如下。

第一个打断点(F):在选取的对象上指定要打断的起点。

第二个打断点:在选取的对象上指定要打断的第二点。

注意:断开圆时,逆时针方向的第一点到第二点之间断开。

6. 打断于点

该命令的功能是将直线段、弧线段、多段线和多边形等对象断开为两个对象,表面上看不出来,但目标已经断开。

启动命令的方法:在命令行输入"BR"后回车,或单击菜单栏中的"修改"→"打断于点",或单击工具栏图标 。

执行命令,AutoCAD 提示如下。

选择对象:(选择对象)

指定第二个打断点或[第一点(F)]:(输入"F")

指定第一个打断点:(选择断开点)

指定第二个打断点:(选择断开点)

注意:结束命令后,被打断的对象以指定的分解点为界打断为两个对象,外观上没有任何变化,但可以利用选择对象的夹点显示来辨识是否已打断。

7. 合并

利用合并命令可以将直线、圆、椭圆和样条曲线等独立的线段合并为一个对象。合并示例如图 3.20 所示。

启动命令的方法:在命令行输入"JOIN"后回车,或单击菜单栏中的"修改"→"合并",或单击工具栏图标 。

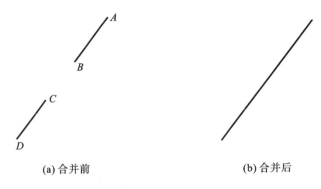

(a) 合并前   (b) 合并后

图 3.20　合并示例

执行命令,AutoCAD 提示如下。

选择源对象或一次要合并的多个对象:(选择对象)

选择要合并的对象:(选择对象)

按"Enter"键结束命令。

注意:选取要合并的弧时,该弧必须都为同一圆的一部分;选取要连接的直线时,要连接的直线必须是处于同一直线上,它们之间可以有间隙;选取开放多段线时,被连接的对象可以是直线、开放多段线或圆弧,对象之间不能有间隙,并且必须位于与 UCS 坐标系的 XY 平面平行的同一平面上;选取要连接的椭圆弧时,选择的椭圆弧必须位于同一椭圆上,它们之间可以有间隙,"闭合"选项可将椭圆弧闭合成完整的椭圆;选取要连的开放样条曲线时,连接的样条曲线对象之间不能有间隙,最后对象是单个样条曲线。

8. 分解

使用分解命令可以把复杂的图形对象或用户定义的块分解成简单的基本图形对象,这样就可以进行编辑图形了。

启动命令的方法:在命令行输入"X"后回车,或单击菜单栏中的"修改"→"分解",或单击工具栏图标 。

执行命令,AutoCAD 提示如下。

选择对象:(指定分解对象)

按"Enter"键结束命令,整体图形就被分解了。

9. 删除

使用删除命令是将图形中的没有用的图形对象删除掉。删除命令是常用的命令之一。

启动命令的方法:在命令行输入"E"后回车,或单击菜单栏中的修改→"删除",或单击工具栏图标 。

执行命令,AutoCAD 提示如下。

选择对象:(指定需要删除的对象)

按"Enter"键结束命令,选中的图形就被删除。

任务四　调 整 对 象

1．移动

该命令的功能是将图中一个或多个对象从当前位置移动到指定的新位置,而不改变其大小和方向。移动示例如图 3.21 所示。

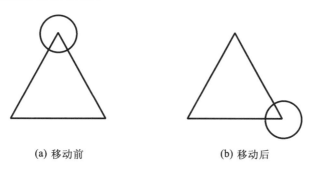

(a) 移动前　　　　　　　　　(b) 移动后

图 3.21　移动示例

启动命令的方法:在命令行输入"M"后回车,或单击菜单栏中的"修改"→"移动",或单击工具栏图标 ⊕ 。

执行命令,AutoCAD 提示如下。

选择对象:(选择要移动的对象)

选择对象:(选完后,要单击鼠标右键,结束选择对象状态,否则会一直提示选择对象)

指定基点或[位移(D)]<位移>:(指定基点或位移)

以上各项提示的含义和功能说明如下。

(1)指定基点:确定移动基点,为默认项。

执行该默认项,即指定移动基点后,AutoCAD 提示如下。

指定第二个点或 <使用第一个点作为位移>:(在此提示下指定一点作为位移第二点,或直接按"Enter"键或"Space"键,将第一点的各坐标分量(也可以看成位移量)作为移动位移量移动对象。)

(2)位移:根据位移量移动对象。

执行该选项,AutoCAD 提示如下。

指定位移:(如果在此提示下输入坐标值,AutoCAD 将所选择对象按与各坐标值对应的坐标分量作为移动位移量移动对象。)

2．旋转及复制旋转

该命令的功能是用指定的基点和旋转角度,将选定的对象进行旋转。旋转示例如图 3.22 所示。

启动命令的方法:在命令行输入"V"后回车,或单击菜单栏中的"修改"→"旋转",或单击工具栏图标 ↻ 。

执行命令,AutoCAD 提示如下。

提示:UCS 当前的正角方向:ANGDIR=逆时针　 ANGBASE=0。

 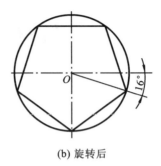

(a) 旋转前   (b) 旋转后

图 3.22 旋转示例

选择对象:(选择要旋转的对象)

选择对象:(继续选择对象或按"Enter"键)

指定基点:(基点即旋转的中心点。在此指定基点)

指定旋转角度或[复制(C)/参照(R)]＜0＞:(指定旋转角度、复制或参照)

以上各项提示的含义和功能说明如下。

(1) 指定旋转角度:输入角度值,AutoCAD 会将对象绕基点转动该角度。在默认设置下,角度为正时沿逆时针方向旋转,反之沿顺时针方向旋转。

(2) 复制:创建出旋转对象后仍保留原对象。

(3) 参照(R):以参照方式旋转对象。

执行该选项,AutoCAD 提示如下。

指定参照角:(输入参照角度值)

指定新角度或[点(P)]＜0＞:(输入新角度值,或通过"点(P)"选项指定两点来确定新角度)

执行结果:AutoCAD 根据参照角度与新角度的值自动计算旋转角度(旋转角度＝新角度－参照角度),然后将对象绕基点旋转该角度。

3. 拉长

该命令的功能是改变被选对象的长度或角度。拉长示例如图 3.23 所示。

(a) 拉长前   (b) 拉长后

图 3.23 拉长示例

启动命令的方法:在命令行输入"Len"后回车,或单击菜单栏中的"修改"→"拉长"。

执行命令,AutoCAD 提示如下。

选择对象或[增量(DE)/百分数(P)/全部(T)/动态(DY)]:(选定对象)

选择对象或[增量(DE)/百分数(P)/全部(T)/动态(DY)]:(选择拉长或缩短的方式。如选择"增量(DE)"方式)

输入长度增量或[角度(A)＜0.0000＞]:(输入长度增量数值。如果选择圆弧段,则可输入"A"给定角度增量)

选择要修改的对象或[放弃(U)]:(选定要修改的对象,进行拉长操作)

选择要修改的对象或[放弃(U)]:(继续选择,回车结束命令)

4．拉伸

使用拉伸命令可以在一个方向上按用户所指定的尺寸拉伸、缩短对象。拉伸命令是通过改变端点位置来拉伸或缩短图形对象，编辑过程中除被伸长、缩短的对象外，其他图形对象间的几何关系将保持不变。可进行拉伸的对象有圆弧、椭圆弧、直线、多段线、二维实体、射线和样条曲线等。拉伸示例如图3.24所示。

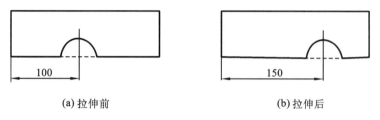

(a)拉伸前　　　　　　　　　　　　　　(b)拉伸后

图3.24　拉伸示例

启动命令的方法：在命令行输入"S"后回车，或单击菜单栏中的"修改"→"拉伸"，或单击工具栏图标 。

执行命令，AutoCAD提示如下。

选择对象：(用交叉窗口或交叉多边形选择要拉伸的对象，一定要用从右到左的交叉窗口才行)

选择对象：(按"Enter"键或继续选择对象)

指定基点或〔位移(D)〕<位移>：(指定拉伸基点或位移)

指定第二个点或 <使用第一个点作为位移>：(可输入相对坐标或距离)

按"Enter"键结束命令。

5．缩放

缩放命令可以根据用户的需要将对象按指定比例因子相对于基点放大或缩小，该命令的使用是真正改变了原来图形的大小，是用户在绘图过程中经常用到的命令。缩放示例如图3.25所示。

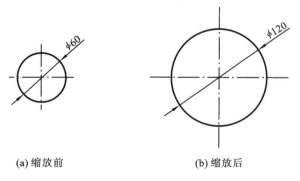

(a)缩放前　　　　　　　　　　　　　　(b)缩放后

图3.25　缩放示例

启动命令的方法：在命令行输入"SC"后回车，或单击菜单栏中的"修改"→"缩放"，或单击工具栏图标 。

执行命令，AutoCAD提示如下。

选择对象：（选择要缩放的对象）

选择对象：（按"Enter"键或继续选择对象）

指定基点：（确定基点位置）

指定比例因子或［复制(C)/参照(R)］：（指定比例因子、复制或参照）

以上各项提示的含义和功能说明如下。

指定比例因子：即为图形缩放的倍数，为默认项。

执行该默认项，即输入比例因子后按"Enter"键或"Space"键，AutoCAD 将所选择对象根据该比例因子相对于基点缩放，且当 0<比例因子<1 时缩小对象，比例因子>1 时放大对象。

复制(C)：创建出缩小或放大的对象后仍保留原对象。执行该选项后，根据提示指定缩放比例因子即可。

参照(R)：将对象按参照方式缩放。

执行该选项，AutoCAD 提示如下。

指定参照长度：（输入参照长度的值）

指定新的长度或［点(P)］：（输入新的长度值或用"点(P)"选项通过指定两点来确定长度值）

执行结果：AutoCAD 根据参照长度与新长度的值自动计算比例因子（比例因子 ＝ 新长度值÷参照长度值），并进行对应的缩放。

6. 对齐

该命令的功能是将对象移动、旋转或是按比例缩放，使之与指定的对象对齐。对齐示例如图 3.26 所示。

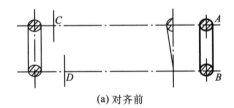

图 3.26　对齐示例

启动命令的方法：在命令行输入"Aling"后回车，或单击菜单栏中的"修改"→"三维操作"→"对齐"。

执行命令，AutoCAD 提示如下。

选择对象：（选择要对齐的对象）

选择对象：（按"Enter"键或继续选择对象）

指定第一个源点：（确定源点位置）

指定第一个目标点：（确定目标点位置）

指定第二个源点：（确定源点位置）

指定第二个目标点或<继续>：（确定目标点位置）

指定第三个源点或<继续>：（按"Enter"键或继续指定）

是否基于对齐点缩放对象[是(Y)否(N)]<否>：（选择是否缩放）

任务五 夹点的使用

在没有执行任何命令的情况下,用鼠标选择对象后,这些对象上会出现若干蓝色小方格,这些小方格称为对象的特征点,即夹点。夹点是可以控制对象位置和大小的关键点。对直线而言,其中心点可以控制位置,而两个端点可以控制其长度和位置,所以直线有3个夹点。使用夹点编辑图形时,要先选择作为基点的夹点,这个选定的夹点称为基夹点。选择夹点后可以进行移动、拉伸、旋转等编辑。常见对象的夹点如图 3.27 所示。

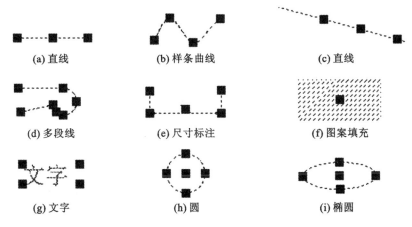

图 3.27 常见对象夹点

1. 利用夹点拉伸对象

当选中的夹点是线条的端点时,用户将选中的夹点移动到新位置即可拉伸对象。

用夹点拉伸对象的操作步骤如下所述。

(1) 选取要拉伸的对象,如图 3.28(a)所示。

(2) 在对象中选择夹点,此时夹点跟随鼠标的移动而移动,如图 3.28(b) 所示。

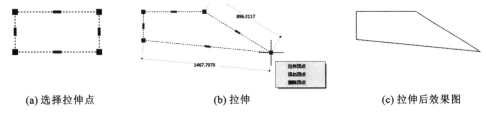

图 3.28 夹点拉伸对象示例

系统提示如下。

指定拉伸点或〔基点(B)/复制(C)/放弃(U)/退出(X)〕:

其各选项的功能如下所述。

指定拉伸点:用于指定拉伸的目标点。

基点:用于指定拉伸的基点。

复制:用于在拉伸对象的同时复制对象。

放弃:用于取消上次操作。

退出:退出夹点拉伸对象的操作。

(3) 移动到目标位置时,单击鼠标左键,即可把夹点拉伸到指定位置,如图 3.28(c) 所示。

2. 利用夹点复制或移动对象

利用夹点移动对象,只需要选中移动夹点,则所选对象会和光标一起移动,在目标点处单击鼠标左键即可。

用夹点移动对象的操作步骤如下所述。

(1) 选取移动对象。

(2) 指定一个夹点作为基点。

(3) 左键选择该基点,再按下鼠标右键,在弹出的快捷菜单中选择"移动"选项。

(4) 指定移动点或[基点(B)/复制(C)/放弃(U)/退出(X)]:(指定移动点或选项)

指定目标位置后,系统完成夹点移动复制操作,整个过程如图 3.29 所示。

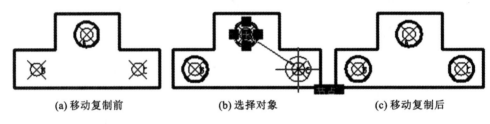

(a) 移动复制前   (b) 选择对象   (c) 移动复制后

图 3.29 移动复制对象

3. 利用夹点旋转对象

利用夹点可将选定的对象进行旋转。在操作过程中,用户选中的夹点就是对象的旋转中心,用户也可以指定其他点作为旋转中心。

用夹点旋转对象的操作步骤如下所述。

(1) 选取旋转对象。

(2) 指定一个夹点作为基点。

(3) 左键选择该基点,再按下鼠标右键,在弹出的快捷菜单中选择"移动"选项。

(4) 系统提示:**"旋转"**。

(5) 指定旋转角度或[基点(B)/复制(C)/放弃(U) / 参照(R) /退出(X)]:(指定旋转角度)

指定旋转角度后,系统完成夹点旋转操作,整个过程如图 3.30 所示。

4. 利用夹点缩放对象

在缩放模式下,选择一个夹点作为基夹点后,就可以以这个基夹点作为缩放中心缩放图形。相同的缩放条件下,选择的基夹点不同,图形缩放后的位置会有所不同。

用夹点缩放对象的操作步骤如下所述。

(1) 选取缩放对象。

(2) 指定一个夹点作为基点。

(3) 系统提示:**"拉伸"**(按"Enter"键)。

(4) 系统提示:**"移动"**(按"Enter"键)。

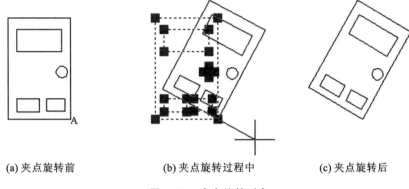

(a) 夹点旋转前　　　　　　(b) 夹点旋转过程中　　　　　(c) 夹点旋转后

图 3.30　夹点旋转对象

（5）系统提示："**旋转**"（按"Enter"键）。

（6）系统提示："**比例缩放**"。

（7）**指定比例因子或〔基点（B）/复制（C）/放弃（U）/ 参照（R）/退出（X）〕：**（指定比例因子，再按"Enter 键"）

系统完成夹点缩放操作。

5. 利用夹点镜像对象

与"镜像"命令的功能类似。

用夹点镜像对象的操作步骤如下。

（1）选取镜像对象。

（2）指定一个夹点作为基点。

（3）系统提示："**拉伸**"（按"Enter"键）。

（4）系统提示："**移动**"（按"Enter"键）。

（5）系统提示："**旋转**"（按"Enter"键）。

（6）系统提示："**比例缩放**"（按"Enter"键）。

（7）系统提示："**镜像**"。

（8）**指定第二点或〔基点（B）/复制（C）/放弃（U）/退出（X）〕：**（指定第二点，按"Enter"键）

系统完成夹点镜像操作。

任务六　编辑多段线

该命令可编辑二维多段线、三维多段线或三维网格。编辑多段线的操作效果如图 3.31 所示。

启动命令的方法：在命令行输入"PE"后回车，或单击菜单栏中的"修改"→"对象"→"多段线"，或单击工具栏图标。

执行命令，AutoCAD 提示如下。

选择多段线或〔多条（M）〕：（选择要编辑的多段线）

输入选项〔闭合（C）/合并（J）/宽度（W）/编辑顶点（E）/拟合（F）/样条曲线（S）/非曲线化（D）/线型生成（L）/反转（R）/放弃（U）〕：（选项）

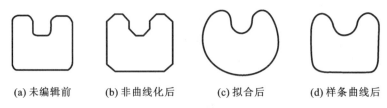

(a) 未编辑前　　　(b) 非曲线化后　　　(c) 拟合后　　　(d) 样条曲线后

图 3.31　编辑多段线

选项说明如下所述。

多条(M)：选择多个对象同时进行编辑。

闭合(C)：将选取的处于打开状态的三维多段线用一条直线段连接起来，成为封闭的三维多段线。

合并(J)：从打开的多段线的末端新建线、弧或多段线。

宽度(W)：指定选取的多段线对象中所有直线段的宽度。

编辑顶点(E)：对多段线的各个顶点逐个进行编辑。

拟合(F)：在顶点间建立圆滑曲线，创建圆弧拟合多段线。

样条曲线(S)：将选取的多段线对象改变成样条曲线。

非曲线化(D)：删除"拟合"选项所建立的拟合曲线或"样条"选项所建立的样条曲线，并拉直多段线的所有线条。

线型生成(L)：改变多段线的线型模式。

反转(R)：改变多段线的方向。

放弃(U)：撤销上一步操作，可一直返回到使用 PE 命令之前的状态。

任务七　　编辑样条曲线

启动命令的方法：在命令行输入"SPLINEDIT"后回车，或单击菜单栏中的"修改"→"对象"→"样条曲线"，或单击工具栏图标 ![icon]。

执行命令，AutoCAD 提示如下。

选择样条曲线：(选择要编辑的样条曲线，选择后的样条曲线出现控制点，如图 3.32 所示)

(a)样条曲线被选中前　　　　　　(b)样条曲线被选中后

图 3.32　样条曲线被选中前后

输入选项［闭合(C)/合并(J)/拟合数据(F)/ 编辑顶点(E)/转换为多段线(P)/反转(E)/放弃(U)退出(X)]：(输入选项)

选项说明如下所述。

(1) 闭合(C)：执行该选项，AutoCAD 会封闭所编辑的多段线，然后给出提示如下。

输入选项［打开(O)/合并(J)/拟合数据(F)/ 编辑顶点(E)/转换为多段线(P)/反转(E)/放弃(U)退出(X)]：

即把"闭合(C)"项换成了"打开(O)"项。若此时执行"打开(O)"项,AutoCAD 会把多段线从封闭处打开,而提示中的"打开(O)"项又换成了"闭合(C)"项。

(2) 合并(J):该选项将线段、圆弧或多段线连接到指定的非闭合多段线上。执行该选项,AutoCAD 提示如下。

选择对象:(在此提示下选取各对象后,AutoCAD 会将它们连成一条多段线)

需要说明的是,执行该选项进行连接时,欲连接的各相邻对象必须在形式上彼此已经首尾相连;否则,在选取各对象后,AutoCAD 会提示"0 条线段已添加到多段线"。

(3) 拟合数据(F):该选项用于编辑样条曲线所通过的某些特殊的点。选择该选项时,样条曲线的所有输入点(控制点)均以夹点显示。选择该选项后 AutoCAD 提示如下。

输入拟合数据选项[添加(A)/闭合(C) /删除(D)/移动(M)/清理(P)/相切(T)/公差(L)/退出(X)]<退出>:

以上选项说明如下。

添加(A):在样条曲线所通过的点集中加入新的点。

闭合(C):用于封闭当前的样条曲线,封闭后"闭合(C)"项由"打开(O)"项替代,即可以再打开封闭的样条曲线。

删除(D):用来删除样条曲线所通过的指定点。

移动(M):移动指定点的位置。

清理(P):用来取消当前的拟合数据。

相切(T):用于改变样条曲线起点和终止处的切线方向。

公差(L):用于修改拟合公差的值。

(4) 编辑顶点(E):编辑多段线的顶点。执行该选项,AutoCAD 提示如下。

输入顶点编辑选项[添加(A)/删除(D)/提高阶数(E)/移动(M)/权值(W) /退出(X)]<退出>:

选项说明如下所述。

提高阶数(E):用于控制样条曲线的阶数,阶数越高,控制点越多。

权值(W):修改样条曲线不同控制点的权值,AutoCAD 根据新权值重新计算样条曲线。权值的默认值为1,增加权值可以拉近样条曲线的控制点。权值不能为 0 或者负值。

(5) 转换为多段线(P):将样条曲线转换为多段线。执行该选项,AutoCAD 提示如下。

指定精度<10>:(输入精度,按"Enter"键完成操作)

(6) 反转(E):反转样条曲线的方向。反转方向不会删除拟合数据。

(7) 放弃(U):取消上一次修改操作。

任务八　编辑多线

编辑多线命令可以控制多线之间相交时的连接方式、增加或删除多线的顶点、控制多线的打断接合。

启动命令的方法:在命令行输入"MLEDIT"后回车,或单击菜单栏中的"修改"→"对象"→"多线"。

启动命令后系统将弹出如图 3.33 所示的"多线编辑工具"对话框。

图 3.33　"多线编辑工具"对话框

在"多线编辑工具"对话框中,多线编辑工具按钮以四列显示:第一列处理十字交叉的多线;第二列处理 T 形相交的多线;第三列处理角点连接和顶点增删;第四列处理多线的剪切和接合。

以上对话框中各项含义如下所述。

(1) 十字闭合:在两组多线之间创建闭合的十字交点。

选择样例图像后,AutoCAD 显示以下提示。

选择第一条多线:(选择多线)

选择第二条多线:(选择相交的多线,按"Enter"键完成操作)

(2) 十字打开:在两条多线之间创建开放的十字交点。AutoCAD 将打断第一条多线的所有元素并打断第二条多线的外部元素。

(3) 十字合并:在两条多线之间创建合并的十字交点。选择多线的次序并不重要。

(4) T 形闭合:在两条多线之间创建闭合的 T 形交点。AutoCAD 将第一条多线修剪或延伸到与第二条多线的交点处。

(5) T 形打开:在两条多线之间创建开放的 T 形交点。AutoCAD 将第一条多线修剪或延伸到与第二条多线的交点处。

(6) T 形合并:在两条多线之间创建合并的 T 形交点。AutoCAD 将多线修剪或延伸到与另一条多线的交点处。

(7) 角点连接:在多线之间创建角点连接。AutoCAD 将多线修剪或延伸到它们的交点处。

（8）添加顶点：将一个顶点添加到多线上。

（9）删除顶点：从多线上删除一个顶点。

（10）单个剪切：剪切多线上的选定元素。

（11）全部剪切：将多线剪切为两部分。

（12）全部接合：将已被剪切的多线线段重新合并起来。

习题

1. 绘制如图 3.34 所示的图形。

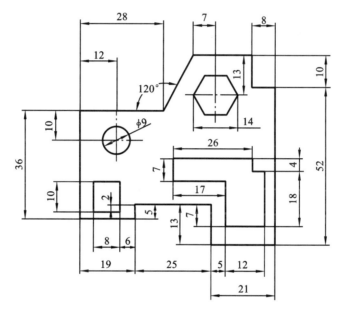

图 3.34　题 1 图

2. 绘制如图 3.35 所示的图形。

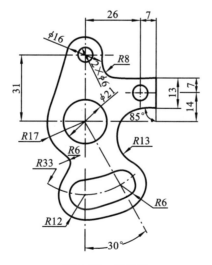

图 3.35　题 2 图

3. 绘制如图 3.36 所示的图形。

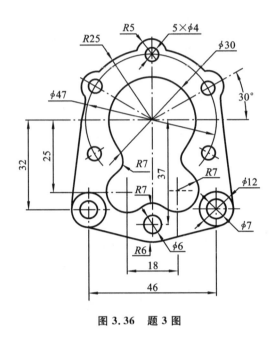

图 3.36　题 3 图

4. 绘制如图 3.37 所示的图形。

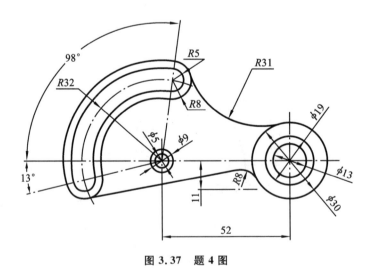

图 3.37　题 4 图

5. 绘制如图 3.38 所示的图形。

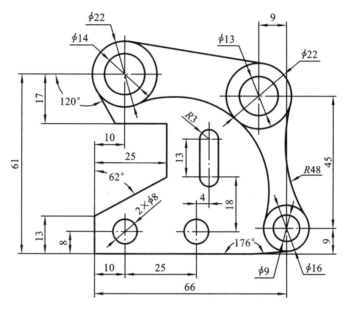

图 3.38　题 5 图

项目四　图形显示、精确绘图

任务一　动　态　输　入

学习目标

（1）掌握动态输入、捕捉、正交、对象捕捉、自动追踪在绘图中的具体应用；

（2）熟悉显示控制的使用方法，特别是窗口缩放和全部缩放的运用；

（3）了解查询信息等辅助工具的使用方法，并会在实际绘图中应用。

知识要点

各种捕捉命令的使用方法。

绘图技巧

绘图时将状态栏中的极轴追踪、对象捕捉、对象捕捉追踪打开，可以提高效率。

　　动态输入是 AutoCAD 常用的辅助功能。使用动态输入功能可以在工具栏提示中输入坐标值，而不必在命令行中输入。光标旁边显示的工具栏提示信息将随着光标的移动而动态更新。当某个命令处于活动状态时，可以在工具栏提示中输入坐标值。动态输入虽然为用户绘制图样带来了很大方便，但它不会取代命令窗口。用户可以隐藏命令窗口以增加绘图屏幕区域，但是在有些操作中还是需要显示命令窗口。按"F2"键可根据需要隐藏或显示命令提示信息和错误提示消息。另外，也可以浮动命令窗口，并使用"自动隐藏"功能来展开或卷起该窗口。

1. 动态输入的设置

　　在 AutoCAD 中，启用动态输入后，工具栏将在光标附近显示提示信息，该信息会随着光标移动而动态更新。动态输入信息只有在命令执行过程中显示，包括绘图命令、编辑命令、夹点编辑等。

　　要打开或关闭动态输入，可使用以下方法：

　　（1）单击状态栏的 DYN（动态输入）按钮；

　　（2）按"F12"快捷键。

2. 指针输入和坐标输入

1）启用指针输入

　　在"草图设置"的"动态输入"选项卡中，选中"启用指针输入"复选框可以启用指针输入功能，如图 4.1 所示。

在"指针输入"区单击"设置"按钮,然后在打开的"指针输入设置"对话框中设置指针的格式和可见性,如图 4.2 所示。

图 4.1　启用指针输入

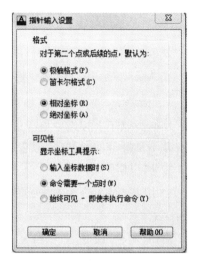

图 4.2　"指针输入设置"对话框

启用后,光标的坐标值将在光标附近的工具栏提示中显示出来。这些坐标值随着光标的移动自动更新,并可以输入坐标值,按"Tab"键可以在两个坐标值之间切换。

2)启用标注输入

在"草图设置"对话框的"动态输入"选项卡中,选中"可能时启用标注输入"复选框可以启用标注输入功能。在"标注输入"区单击"设置"按钮,然后在打开的"标注输入的设置"对话框,设置标注的可见性,如图 4.3 所示。

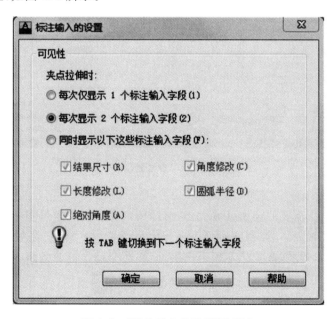

图 4.3　"标注输入的设置"选项卡

启用标注输入后,当命令提示输入第二点时,工具栏中提示栏将显示距离和角度值。在工具栏提示栏中的值将随着光标移动而改变。

任务二 栅格、捕捉和正交

在绘制图形时,尽管可以通过移动光标来指定点的位置,但却很难精确指定点的某一位置。在 AutoCAD 中,"栅格""捕捉"和"正交"功能可以用来精确定位点,提高绘图效率。

1. 栅格

栅格类似于坐标纸中格子的概念,若已经打开了栅格,用户在屏幕上会看见许多小点。这些点并不是屏幕的一部分,但它对绘图十分有用。

1) 启用栅格

启用"栅格"命令的方法:单击状态栏中的 ⌗ 按钮,或按键盘上的"F7"键,或用组合命令"Ctrl+G"。

启用"栅格"命令后,栅格显示在屏幕上,如图 4.4 所示。

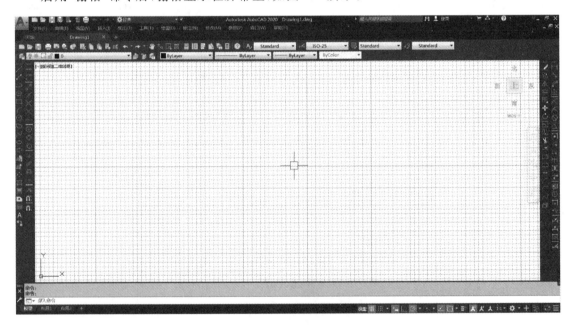

图 4.4 栅格显示

2) 设置栅格

栅格能显示用户所需要的绘图区域大小,帮助用户在绘制图样过程中不能超出绘图区域。根据用户所选择的区域大小,栅格随时可以进行大小设置,如果绘图区域和栅格大小不匹配,在屏幕上就不显示栅格,而在命令行中提示栅格太密,无法显示。

网格设置...

图 4.5 选择"网格设置"对话框

用鼠标右键单击状态栏中的 ⌗ 按钮,弹出光标菜单,如图 4.5 所示,选择网格"设置"选项,就可以打开"草图设置"对话框,如图 4.6 所示。

图 4.6　"草图设置"对话框

在"草图设置"对话框中,选择"启用栅格"复选框,开启栅格的显示,反之,则取消栅格的显示。

其中的参数说明如下所述。

栅格 X 轴间距:用于指定经 X 轴方向的栅格间距值。

栅格 Y 轴间距:用于指定经 Y 轴方向的栅格间距值。

X、Y 轴间距可根据需要,设置为相同的或不同的数值。

2. 捕捉模式

捕捉点在屏幕上是不可见的点,打开捕捉模式后若用户在屏幕上移动光标,十字交点就会位于被锁定的捕捉点上。捕捉点间距可以与栅格间距相同,也可不同,通常将后者设为前者的倍数。在 AutoCAD 中,有栅格捕捉和极轴捕捉两种捕捉样式,若选择捕捉样式为栅格捕捉,则光标只能在栅格方向上精确移动;若选择捕捉样式为极轴捕捉,则光标可在极轴方向精确移动。

1）启用捕捉模式

启用捕捉模式的方法。单击状态栏中的 按钮,或按键盘上的"F9"键,或用组合命令"Ctrl+B"。

启用捕捉模式后,光标只能按照等距的间隔进行移动,所间隔的距离称为捕捉的分辨率,因此捕捉方式又被称为间隔捕捉。

注意:在正常绘图过程中不要打开捕捉命令,否则光标在屏幕上只按栅格的间距移动,这样不便于绘图。

2)捕捉设置

在绘制图样时,可以对捕捉的分辨率进行设置。用鼠标右键单击状态栏中的 按钮,弹出光标菜单,选择"捕捉设置"选项,就可以打开"草图设置"对话框,该对话框的第一个标签为"捕捉和栅格"选项卡。

其中的参数说明如下所述。

捕捉 X 轴间距:用于指定经 X 轴方向的捕捉分辨率。

捕捉 Y 轴间距:用于指定经 Y 轴方向的捕捉分辨率。

X、Y 轴间距可根据需要设置为相同的或不同的数值。

在"捕捉类型"选项组中,"栅格捕捉"单选项用于栅格捕捉。"矩形捕捉"与"等轴测捕捉"单选项用于指定栅格的捕捉方式。"PolarSnap"单选项用于设置以极轴方式进行捕捉。

最后单击"确定"按钮,完成对捕捉分辨率的设置。

3. 正交模式

AutoCAD 提供的正交模式也可以用来精确定位点,它将定点设备的输入限制为水平或垂直,如图 4.7 所示。

图 4.7 绘图时的正交状态

命令功能:限定光标在任何位置都只能沿水平或竖直方向移动,即只能绘制出水平线和竖直线,不能绘制斜线。

命令的调用方式有三种。

① 按"F8"快捷键。

② 图标方式:单击 图标。

③ 在命令行输入"ORTHO"命令。

正交模式下绘制的图形如图 4.8 所示。

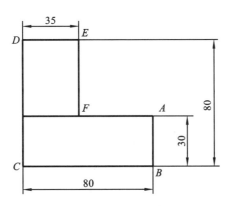

图4.8 正交模式下绘制的图形

任务三 对象捕捉

AutoCAD的对象捕捉功能可指定对象上的精确位置。例如,使用对象捕捉可以快速而准确地捕捉到对象上的一些特征点,或根据特征点偏移出来一系列点,另外,还可以很方便地解决绘图过程中的一些解析几何的问题,而不必一步一步地计算和输入坐标值。

AutoCAD为用户提供了13种特征点的捕捉功能,这些捕捉功能分别以对话框和菜单栏的形式出现,以对话框形式出现的捕捉功能如图4.9所示。单击状态栏"对象捕捉"按钮或按快捷键"F3",可激活此功能。

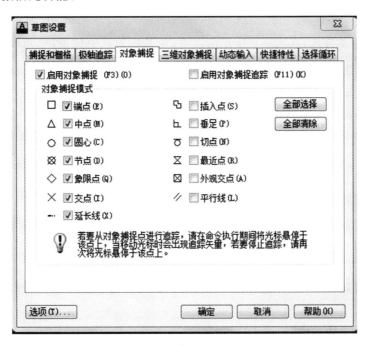

图4.9 "对象捕捉"选项卡

对象捕捉的类型分为临时捕捉和永久捕捉两种。

1. 临时捕捉

"临时捕捉"功能是一次性的捕捉功能,即激活捕捉功能后仅允许使用一次,如果需要连续使用该捕捉功能,需要重复激活该功能。临时捕捉按钮位于"对象捕捉"工具栏上,菜单项位于如图 4.10 所示的菜单上,按住"Ctrl"或"Shift"键时单击鼠标右键,即可打开此菜单。

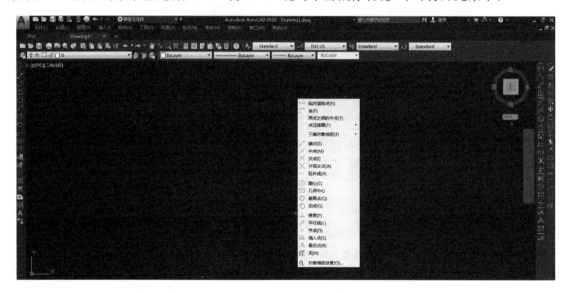

图 4.10 "临时捕捉"菜单

2. 永久捕捉

永久捕捉的启动方式:在状态栏中单击 ▢,使其成为选中状态,把光标放到上面单击右键选择"设置",勾选的点即被设置为永久性捕捉的点。

技巧:将常用的点设置为永久性捕捉,不常用的点设置为临时捕捉。

注意:对象捕捉(OBJECT SNAP)和捕捉(SNAP)是两个不同的概念。对象捕捉是捕捉绘图区中对象的特性,如端点、中心点(按"F3"键可打开)。捕捉是捕捉绘图区中辅助栅格点(按"F9"键可打开)。

13 种捕捉功能的解析如下所述。

(1)捕捉到端点:此功能用于捕捉图线的端点,如图 4.11 所示。

(2)捕捉到中点:此功能用于捕捉线段、圆弧等对象的中点,如图 4.12 所示。

(3)捕捉到交点:此功能用于捕捉图线间的交点,即将光标放在图线的交点处时系统将显示出交点标记,如图 4.13 所示。

(4)捕捉到外观交点:此功能用于捕捉三维空间内的对象在当前坐标系平面内投影的交点。

(5)捕捉到延长线:此功能用于捕捉线段或圆弧延长线上的点,如图 4.14 所示,单击鼠标左键,或输入一距离值,即可在对象延长线上定位点。

(6)捕捉到圆心:此功能用于捕捉圆、圆弧或圆环的圆心,如图 4.15 所示。

(7)捕捉到象限点:此功能用于捕捉圆或圆弧的象限点。将光标放在圆或圆弧的象限点

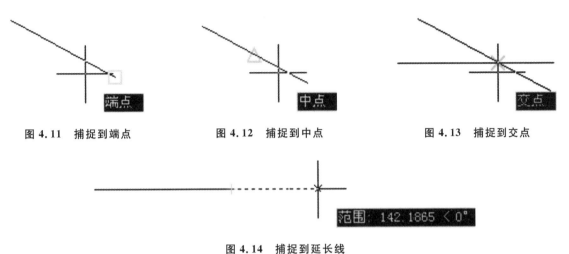

图 4.11 捕捉到端点　　　　图 4.12 捕捉到中点　　　　图 4.13 捕捉到交点

图 4.14 捕捉到延长线

位置上再单击鼠标左键即可,如图 4.16 所示。

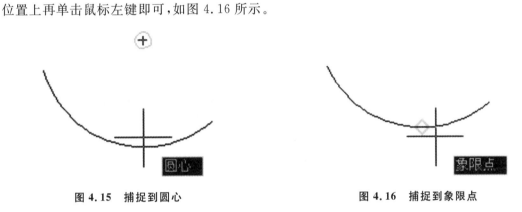

图 4.15 捕捉到圆心　　　　　　　　　图 4.16 捕捉到象限点

(8)捕捉到切点:此功能用于捕捉切点。在"指定点"提示下激活此功能,然后将光标放在圆或圆弧的边缘上,当显示出切点标记符号时单击鼠标左键即可,如图 4.17 所示。

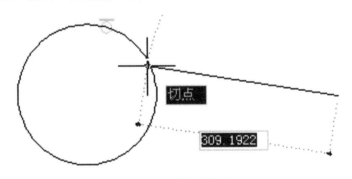

图 4.17 捕捉到切点

(9)捕捉到垂足:此功能用于捕捉垂足点,绘制垂线。在命令行"指定点"的提示下激活此功能后,将光标放在对象边缘上,当显示垂足标记符号时单击鼠标左键即可,如图 4.18 所示。

(10)捕捉到平行线:此功能用于绘制与已知线段平行的线,如图 4.19 所示。

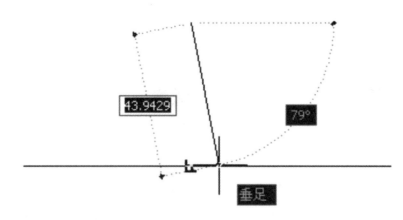

图 4.18　捕捉到垂足

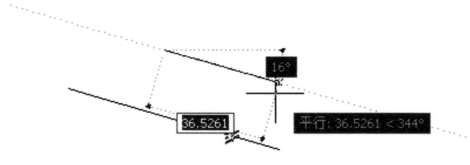

图 4.19　捕捉到平行线

（11）捕捉到节点：此功能用于捕捉使用"点"命令绘制的点对象，如图 4.20 所示。

（12）捕捉到插入点：此功能用于捕捉块、文字、属性或属性定义等的插入点，如图 4.21 所示。

（13）捕捉到最近点：此功能用于捕捉光标距离线、弧、圆等对象最近的点，如图 4.22 所示。

图 4.20　捕捉到节点　　图 4.21　捕捉到插入点　　图 4.22　捕捉到最近点

3. 调整靶框大小

在绘图过程中，在执行某一命令时，光标会显示为十字光标或者为小方框的拾取状态，靶框大小可通过点击菜单栏中的"工具"→"选项"→"绘图"菜单命令进行设置，如图 4.23 所示。

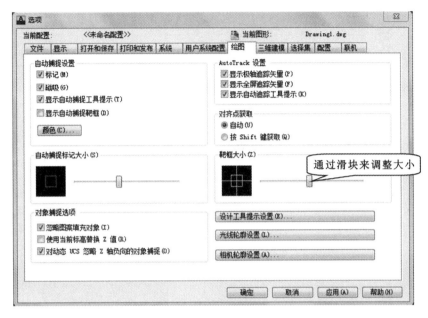

图 4.23 调整靶框大小

任务四 追 踪

1. 极轴追踪及极轴角

前面讲到的正交模式和极轴追踪是两个相对的模式。正交模式将光标限制在水平和竖直方向上移动,而极轴追踪将使光标按指定角度进行移动,如果配合使用极轴捕捉,光标将沿极轴角度按指定增量进行移动。

1) 使用极轴追踪

在绘图过程中,使用 AutoCAD 的极轴追踪功能可以把指定的极轴角度所定义的临时对齐路径显示为一条虚线。

启动极轴追踪有以下三种方法。

① 单击状态栏的 按钮。

② 按"F10"快捷键。

③ 下拉菜单:选择"工具"→"草图设置"命令,弹出"草图设置"对话框。在"草图设置"对话框中,选择"极轴追踪"选项卡,如图 4.24 所示。

2) "极轴追踪"选项卡各选项含义

(1) "启用极轴追踪"选项:打开或关闭极轴追踪。

(2) "极轴角设置"选项区域各选项含义如下所述。

① 增量角:设置极轴追踪对齐路径的极轴角增量。可以从列表中选择角度,也可以输入任意角度。在列表框中选择或输入增量角后,系统将在与增量角成整数倍的方向上指定目标点的位置。例如,将增量角设为"60",在与增量角成 60 倍数的方向上显示出极轴追踪路径,如图 4.25 所示。

图 4.24 "极轴追踪"选项卡

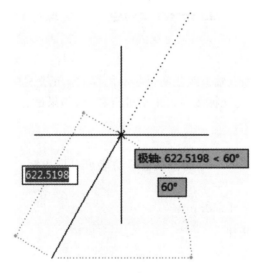

图 4.25 增量角的设置

② 附加角:除了增量角,用户还可以定义附加角指定追踪方向。

③ 角度列表:在表中显示出可用的附加角。

④ 新建:添加附加角,最多可以添加 10 个附加角。

⑤ 删除:对于不再需要的附加角,可在选择该值后单击"删除"按钮。

(3)"对象捕捉追踪设置"选项区域各选项含义如下所述。

① 仅正交追踪:当点选"仅正交追踪"项时,只显示通过基点的水平和垂直方向上的追踪路径。

②　用所有极轴角设置追踪：点选此项时，光标将从对象捕捉点开始沿极轴对齐角度进行追踪。

（4）"极轴角测量"选项区域各选项含义如下所述。

①　绝对：根据当前用户坐标系（UCS）的绝对角度确定极轴追踪角度。

②　相对上一段：以上一个创建的两点间的直线为基准计算极轴追踪角。

在命令执行过程中，如有需要，可临时重新设置一个增量角，它可代替原来在对话框的设置，但仅能使用一次。要注意的是，在输入的角度值之前应加一个"<"符号。

启用极轴追踪功能后，第一个输入点自动成为临时捕捉点。向追踪方向移动光标，当光标与临时捕捉点的连线的极轴角等于所设的增量角的整数倍时，将显示追踪路径的虚线和光标位置的极坐标。若要继续移动光标至新目标位置，还可以直接输入距离值，然后单击"确定"按钮，如图 4.26 所示。

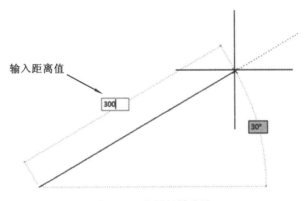

图 4.26　启用极轴追踪

3）极轴追踪实例

利用直线和极轴追踪命令绘制图 4.27 所示图形。

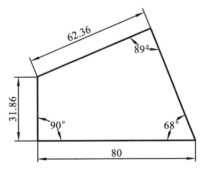

图 4.27　极轴追踪实例

绘图步骤：

（1）激活"极轴追踪"功能，并设置增量角为 22.5°。

（2）使用"直线"命令绘图。

命令：line

指定第一点：　　　　　　　　　　//拾取一点作为起点

指定下一点或［放弃(U)］：　　　　　//引出如图 4.27 所示 180 °极轴矢量,输入 80

指定下一点或［放弃(U)］：　　　　　//引出 90 °极轴矢量,输入 31.86

指定下一点或［闭合(C)/放弃(U)］：　//引出 22.5 °极轴矢量输入 62.36

指定下一点或［闭合(C)/放弃(U)］：　//C,闭合图形

2. 对象捕捉追踪

设置对象捕捉,开启对象捕捉模式后,才能从对象的捕捉点进行追踪。

使用对象捕捉追踪,可以沿着基于对象捕捉点的对齐路径进行追踪,并在获取的点上显示工具提示。获取点之后,当在绘图路径上移动光标时,将显示相对于获取点的水平、垂直或极轴对齐路径。例如,可以基于对象端点、中点或者对象的交点,再沿着某个路径选择一点。

同时,还可以通过系统变量 TRACKPATH 来确定是否显示极轴追踪和对象捕捉追踪的对齐路径以及对齐路径的显示方式。

任务五　显示控制

绘制图形时,既要观察图形的整体效果,又要查看图形的局部细节,为此 AutoCAD 提供了一种类似照相机的功能,可以随时以任何比例来显示图形的任意部位,还可以在不同视口中同时显示图形的不同部位。

所谓"视图",就是在某个位置和角度观察目标图形(按一定比例显示的图形)。关于视图操作的命令,大都可以在"视图"下拉菜单中调用。本章将介绍常用的平面视图操作命令。

1. 缩放

图形显示的缩放命令类似于照相机的可变焦距镜头,通过使用该命令可以调整当前视图,既能观察较大的图形范围,也能观察图形细节,而图形的实际尺寸并不变化。

该命令的调用方法有以下 3 种方式。

① 下拉菜单:选择"视图"→"缩放"命令,如图 4.28 所示,根据需要选择具体命令。

② "缩放"工具栏:如图 4.29 所示,部分缩放命令也可以在该工具栏中找到。

③ 命令栏输入命令:ZOOM(或 z)。

1) 窗口缩放

窗口缩放指放大显示由两个角点所定义的矩形窗口内的区域。在绘图窗口中拾取一个点后,命令行提示如下。

指定对角点:(在绘图窗口中拾取另一个点)

以这两点为对角点所形成的矩形范围内的图形将被放大到整个绘图窗口。

2) 动态缩放

动态缩放是指通过视图框来选定显示区域,移动视图框或调整它的大小,将其中的图像平移或缩放,可以很方便地改变显示区域,减少重生成次数。

3) 比例缩放

比例缩放是指输入缩放系数按比例缩放当前视图。缩放系数的输入有下列 3 种格式。

(1) 相对图形界限的缩放。直接输入一个数值,例如:输入"1",则当前视图按图形界限尽可能大地显示在绘图窗口上;输入"2",则当前视图按图形界限放大 1 倍显示;输入"0.5",则当

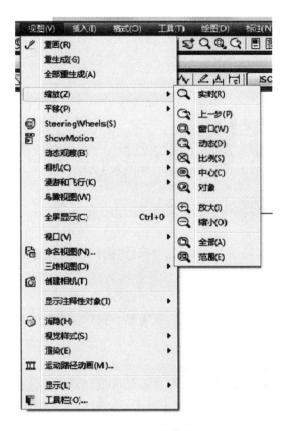

图 4.28 缩放菜单

图 4.29 "缩放"工具栏

前视图按图形界限缩小 1/2 显示。缩放时视图中心点不变。

（2）相对当前视图的缩放。输入带有后缀 X 的比例系数,则该缩放系数是相对于当前视图的缩放系数。数值大于 1 是"放大",如输入"2X"使视图中的对象显示比当前视图大 1 倍。数值小于 1 是"缩小",如输入"0.5X"使视图中的对象显示为当前视图的一半。

（3）相对图纸空间的缩放。输入带有后缀 XP 的比例系数,则是指定新视图相对于图纸空间单位的比例。例如"0.5XP"表示新视图单位以图纸空间单位的 1/2 显示。这种格式用于控制图纸空间的显示,适用于多视口,便于各视口指定不同的显示比例。

4）中心缩放

中心缩放是指重新设置视图的显示中心和缩放倍数。显示由中心点和缩放比例（或高度）所定义的窗口。

命令提示如下。

指定中心点:（指定一个点作为新视图的显示中心点）

输入比例或高度＜当前值＞:

"当前值"为当前视图的纵向高度。若输入的高度值比当前值小,则放大;输入值比当前值大,则缩小,其缩放系数等于"当前窗口高度/输入高度"的比值。也可以直接输入缩放系数,或后跟字母 X 或 XP,含义同比例缩放。

5) 缩放对象

缩放对象指命令行提示"选择对象"时选择图形的一个或多个对象,然后这些选择对象将在绘图区的中心最大量地完整显示出来。

6) 放大

执行放大一次,视图中的实体显示比当前视图大 1 倍。

7) 缩小

执行缩小一次,视图中的实体显示比当前视图小 1 倍。

8) 全部缩放

全部缩放指按照图形界限命令 LIMITS 所设定的图形范围显示,当某些图形对象超出界限时则显示全图。

9) 范围缩放

范围缩放使所有图形对象最大化显示,充满整个视口。视图包含已关闭图层上的对象,但不包含冻结图层上的对象。

10) 实时缩放

实时缩放指随着鼠标的上下移动,图形动态地改变显示大小。按住鼠标左键拖动可缩放图形,向上拖动为放大图形,向下拖动为缩小图形。实时缩放操作方便,视图实时更新,便于用户观察绘图效果。在缩放过程中如果单击鼠标右键,还可以激活"缩放"快捷菜单,便于切换为其他视图操作。

11) 缩放上一个

缩放上一个指恢复到前一个视图,最多可退回前十个视图。

2. 平移

平移图形是在不改变图形当前显示比例的情况下,移动显示区域中的图形到合适位置,以按照需要更好地观察图形。

1) 实时平移

实时平移是直接控制鼠标移动来平移图形。选择"视图"→"平移"→"实时"命令或者在标准工具栏中单击 🖐 按钮,可启动该命令。按住鼠标左键移动光标,窗口中的图形将按光标移动的方向移动,松开左键,则平移停止。用户可根据需要平移图片,直到屏幕中显示出所需部位。单击鼠标右键显示快捷菜单,可切换成其他视图操作。如果用户使用的是三键鼠标,那么按住鼠标中键或中间滚轮,也可以启动此项功能。

2) 定点平移

定点平移指按指定的距离平移图形。选择"视图"→"平移"→"定点"命令,执行命令后 AutoCAD 提示如下。

指定基点或位移:(指定一个基点)

指定第二点:(指定第二点)

如果用户指定基点和第二个点,则视图根据两点之间距离和方向移动图形。

3)滚动条平移

直接拖动绘图区右边和下边的滚动条可以上下左右平移图形。也可通过打开"视图"→"平移"菜单,找到相应命令,包括"左""右""上""下"。每执行一次其中一个命令,则滚动条向对应方向移动一格。

3．重画

在编辑图形时屏幕上有时会显示一些临时标记,这些临时标记并不是图形对象,它们的存在会扰乱图形画面。使用重画命令可刷新屏幕显示、处理绘图过程中所形成的残缺画面、清除临时标记。

(1)刷新显示所有视口的方法如下。

① 下拉菜单:选择"视图"→"重画"命令。

② 命令栏输入命令:REDRAWALL(或 ra)。

(2)只刷新显示当前视口的方法如下。

命令栏输入命令:REDRAW(或 r)。

REDRAWALL 和 REDRAW 命令均可作为透明命令使用。

4．重生成

执行重生成命令,在当前视口中重生成整个图形并重新计算所有对象的坐标,重新创建图形数据库索引,从而优化显示,准确地显示图形数据,还可以将曲线由折线转换为实际形状。但是当图形比较复杂时,使用重生成命令需要较长时间。

(1)重新生成图形并刷新所有视口的方法如下。

① 下拉菜单:选择"视图"→"全部重生成"命令。

② 命令栏输入命令:REGENALL(或 rea)。

(2)重新生成图形并刷新当前视口的方法如下。

① 下拉菜单:选择"视图"→"重生成"命令。

② 命令栏输入命令:REGEN(或 re)。

修改某些设置(例如 FILL、FILLMODE 和 QTEXT 的模式)时,需要执行重生成命令才能显示其变化。也有些命令在执行后会自动调用重生成命令,例如"视图"→"缩放"→"范围"命令。全部重生成图形命令"REGENALL"与"REGEN"命令相似,但处理对象是所有视口中的图形,多用于三维绘图。

5．鸟瞰视图

执行菜单中的"视图"→"鸟瞰视图"命令,或在命令行输入"DSVIEWER",可以打开图 4.30 所示的窗口。

"鸟瞰视图"窗口中显示的是从整体看俯视图形的效果。

"鸟瞰视图"窗口和其他 Windows 窗口一样,可以通过拖动标题栏移动窗口的位置,也可以通过拖动边框改变窗口大小。

图 4.30 "鸟瞰视图"窗口

任务六　查看图形信息

AutoCAD 提取图形对象信息的功能非常强大。通过菜单栏"工具"下的"查询"子菜单和经典空间模式下的"查询"工具栏，可提取一些图形对象的相关信息，包括：时间，两点之间的距离，对象的面积、坐标、属性等。

1. 时间查询

时间命令可以提示当前时间、该图形的编辑时间、最后一次修改时间等信息。

启用"时间查询"命令有两种方法。

① 选择"工具"→"查询"→"时间"菜单命令。

② 在命令栏输入命令：TIME。

启用"时间查询"命令后，弹出如图 4.31 所示的文本框，并出现以下提示。

输入选项[显示(D)/开(ON)/关(OFF)/重置(R)]：

图 4.31　时间查询文本窗口

2. 距离查询

通过"距离查询"命令可以直接查询屏幕上两点之间的距离、两点连线和 XOY 平面的夹角、两点连线在 XOY 平面中倾角以及 X、Y、Z 方向上的增量。

启用"距离查询"命令有 3 种方法。

① 选择菜单栏中的"工具"→"查询"→"距离"命令。

② 单击工具栏中的按钮 ，选择"查询"命令，调出如图4.32所示的查询工具栏。

③ 在命令栏输入命令：DISTANCE。

启用"距离查询"命令后，命令行将提示如下信息。

命令：_dist

指定第一点：

图 4.32　查询工具栏　　　　　　　　　　　图 4.33　查询距离图例

指定第二点：

例：查询如图 4.33 所示的 AB 直线间的距离。

命令：_dist　　　　　　　　　　　　（选择查询距离命令 ）

指定第一点：　　　　　　　　　　　　（单击 A 点）

指定第二点：　　　　　　　　　　　　（单击 B 点）

查询信息如下：

距离＝147.1306,XOY 平面中的倾角＝345,XOY 平面的夹角＝0

X 增量＝142.1980,Y 增量＝－37.7777,Z 增量＝0.0000

3. 坐标查询

屏幕上某一点的坐标可以通过"坐标查询"命令进行查询。

启用"坐标查询"命令有 3 种方法。

① 选择菜单栏中的"工具"→"查询"→"坐标"命令。

② 在命令栏输入命令：ID。

③ 单击工具栏上按钮 。

启用"坐标查询"命令后，根据命令行提示，单击鼠标左键就可以查询该点的坐标值。

4. 面积查询

通过面积查询可以查询测量对象及所定义区域的面积和周长。

启用"面积查询"命令有 3 种方法。

① 选择菜单栏中的"工具"→"查询"→"面积"命令。

② 在命令栏输入命令：AREA。

③ 单击"查询"工具栏上的"面积查询"按钮 。

例：计算如图 4.34 所示的矩形和圆的总面积。

命令：_area　　　　　　　　　　　//选择查询面积命令

指定第一个角点或[对象(O)/加(A)/减(S)]：A　　//输入字母"A",选择"加"选项

指定第一个角点或[对象(O)/减(S)]：O　　//输入字母"O",选择"对象"选项

("加"模式)选择对象：

　　//鼠标单击圆,查询圆的信息

面积＝5515.9850,周长＝311.5723

总面积＝5515.9850

("加"模式)选择对象：

　　//鼠标单击矩形,查询矩形的信息

面积＝5006.1922,圆周长＝250.8180

总面积＝10522.1772

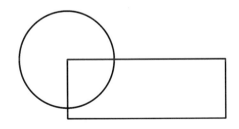

图 4.34　查询面积图例

5. 质量特性查询

通过"质量特性查询"可以查询某实体或面域的质量特性。

启用"质量特性查询"命令有 3 种方法。

① 选择菜单栏中的"工具"→"查询"→"质量特性"命令。

② 在命令栏输入命令：MASSPROP。

③ 单击工具栏上按钮 。

习题

一、单项选择题

1. AutoCAD 中键盘上 F12 键的作用是（　　　）。

A. 打开/关闭文本窗口 　　　　　　B. 打开/关闭"动态输入"

C. 打开/关闭"极轴追踪" 　　　　　D. 打开/关闭"动态 UCS"

2. AutoCAD 中键盘上 F9 键或组合键 Ctrl＋B 的作用是（　　　）。

A. 打开/关闭"动态输入" 　　　　　B. 打开/关闭"正交"

C. 打开/关闭"捕捉" 　　　　　　　D. 打开/关闭"对象捕捉"

3. 动态输入时，先输入"100"，再按键盘上的"Tab"键，然后输入"45"，则下列说法正确的是（　　　）。

A. 45 是 Y 坐标 　　　　　　　　B. 45 是极坐标角度

C. 45 是 Z 坐标 　　　　　　　　D. 以上都不对

4. 设置对象捕捉后，如果系统捕捉的结果并不是需要的，则可以通过哪种方式更换成其他捕捉结果（　　　）。

A. 按 Shift 键　　　　B. 按 Ctrl 键　　　　C. 按 Tab 键　　　　D. 以上皆可

5. 对象捕捉追踪的功能键为（　　　）。

A. F6　　　　　　　B. F5　　　　　　　C. F11　　　　　　D. F8

6. 鸟瞰视图的命令简写是（　　　）。

A. p　　　　　　　B. z　　　　　　　C. v　　　　　　　D. av

7. 下列图标按钮（　　　）是指实时缩放。

A. 　　　B. 　　　C. 　　　D.

8. 重新生成图形并刷新所有视口的命令简写是（　　　）。

A. r　　　　　　　B. rea　　　　　　C. re　　　　　　　D. ra

二、问答题

1. AutoCAD 中有哪些命令调用方式？

2. 什么是栅格？显示栅格的命令是什么？

项目五　绘图前的准备

学习目标

明确且做好绘制工程图的准备工作。

知识要点

图形界限设置方法,单位设置,图层创建和修改设置。

绘图技巧

在绘图之前先设置好图形界限和图层可以大大缩短图形的后期修改时间,并且易于图形的管理。

任务一　图形界限的设置

1. 单位设置

在设计图纸之前,首先应设置图形的单位。例如,如果将绘图比例设置为 1∶1,那么所有图形都将以真实的大小来绘制。图形单位的设置主要包括设置长度和角度的类型、精度以及角度的起始方向。

打开"图形单位"对话框的方法:单击选择图标 ▲ →"图形实用工具"→"单位"(见图 5.1);或输入并执行命令"UNITS"后回车;或单击菜单栏的"格式"→"单位"命令,打开 AutoCAD"图形单位"对话框,如图 5.2 所示。

各选项区的意义如下:

①"长度"选项区用于设定长度的单位类型和精度。

"类型"下拉列表可以选择长度单位的类型(包括小数、分数、工程、建筑、科学)。

"精度"下拉列表可以选择长度精度,也可以直接输入。

②"角度"选项区用于设定角度单位的类型和精度。

"类型"下拉列表可以选择角度单位的类型(包括十进制度数、百分度、度/分/秒、弧度、勘测单位)。

"精度"下拉列表可以选择角度精度,也可以直接输入。

"顺时针"选项用于控制角度方向的正负。选中该选项时,顺时针为正;否则,逆时针为正。

③"插入时的缩放单位"选项区用于设置缩放插入内容的单位。

④"输出样例"显示设置后的长度和角度单位的格式。

⑤"光源"选项区用于指定光源强度的单位(按照国际、美国、常规等标准)。

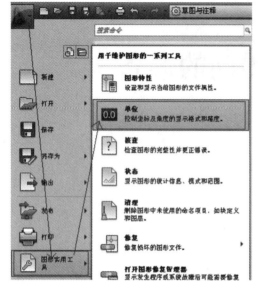

图 5.1　单位命令路径

图 5.2　"图形单位"对话框

单击"方向"按钮,系统会弹出"方向控制"对话框,如图 5.3 所示,从中可以设置基准角度,单击"确定"后返回"图形单位"对话框。

以上项目设置完成后,单击"确定"按钮,确认图形单位的设置。

图 5.3　"方向控制"对话框

2. 图纸大小的设置

启动命令的方法:在命令行输入"LIMITS"后回车,或在 AutoCAD 经典样式下单击菜单"格式"→"图形界限"。

执行命令,AutoCAD 提示如下。

指定左下角点或[开(ON)/关(OFF)]<0.0000,0.0000>:(指定图形界限的左下角位置,直接按"Enter"键或"Space"键,采用默认值)

指定右上角点 <**420.0000,297.0000**>:(指定图形界限的右上角位置坐标后回车即可)

任务二　图层设置

1. 创建图层

图层是用户组织和管理图形的强有力工具。它就像是透明的胶片,在每张胶片上面绘制同类线型,然后将这些透明的胶片合在一起形成一张完整的图形。同一个图层中的对象默认情况下都具有相同的颜色、线型、线宽等对象特征。

每个图形文件系统会默认一个图层,名称为"0",它是不能删除或重命名的。用户要绘制图形时,建议在创建的新图层上绘制,而不是将所有的图形都在 0 图层上绘制。

AutoCAD 创建图层须在图层特性管理器中设置。

启动命令的方法:在命令行输入"LAYER"后回车,或在图层工具栏中点击"图层特性管理器"按钮 ![按钮],如图 5.4 所示。

图 5.4　图层工具栏

在图层特性管理器中点击"新建图层"按钮 ![按钮],在下面的列表中就会自动生成一个名为"图层 1"的新图层,如图 5.5 所示。图层名处于选中状态,用户可以直接输入一个新图层名,例如"中心线"。新图层将继承图层列表中当前选定图层的特性(颜色、线宽、开/关状态等)。

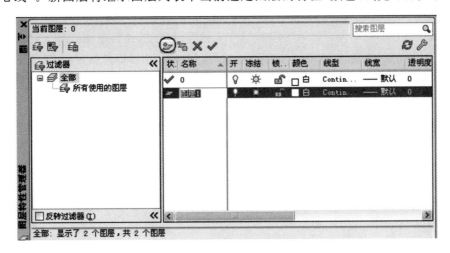

图 5.5　图层特性管理器

2. 图层属性的设置

图层属性包括状态、名称、开/关、冻结/解冻、锁定/解锁、颜色、线型、线宽、透明度、打印样式、打印、说明。

状态:显示"√"的图层是当前图层,如图 5.6 所示。

名称:所建图层的名称,每个图层都按次序编号,如图层 1、图层 2 等。

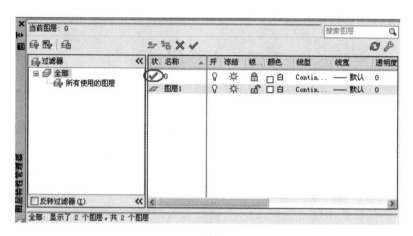

图 5.6　图层状态

开:用"灯泡"指示图层是打开还是关闭,即控制其可见性。若灯亮 🔆 为打开,若灯灭 🔆 为关闭,即不可见。

冻结:用"冻结"指示图层是否长时间不显示和不编辑。若为 🔆 则解冻,即可见并可编辑;若为 ❄ 则冻结,即不可见,也不可编辑、打印等操作。

锁定:用"锁"指示可见图层是否可编辑和可选择。当图层显示时,若为 🔓 则解锁,即可编辑可选择;若为 🔒 则锁住,即不可编辑和不可选择。可以使被锁定的图层成为当前图层,并在其上创建新对象。

颜色,线型,线宽,透明度。默认颜色是编号 7 的颜色(白色或黑色,由背景色决定),线型是 CONTINUOUS 线型,线宽是"缺省"(0.01 英寸或 0.25 mm),也可以是指定的,透明度一般为 0。

打印样式:指示图层所应用的打印样式(通过单击"格式"→"打印样式"命令来设置)。默认的打印样式是普通打印样式,可以更改为与 AutoCAD 选定图层关联的打印样式。如果正在使用颜色相关打印样式(PSTYLEPOLICY 系统变量设置为 1),则无法更改与图层关联的打印样式。点击"打印样式"命令可以显示"选择打印样式"对话框。

打印:确定是否打印对应 AutoCAD 图层上的图形,单击相应图层右侧的"打印"按钮 🖨 则自动切换至" 不打印"按钮 🖨,可实现打印与否的切换。此功能只对可见图层起作用,即对没有冻结且没有关闭的图层起作用。

说明:图层的注释和文字说明。

图层透明度控制所有对象在 AutoCAD 选定图层上的可见性。输入的值越大,该层绘制的图形越透明。其设置方法是:单击图层右侧的"透明度"按钮,在弹出的"图层透明度"对话框中输入"透明度值"(0~90),单击"确定"按钮即可。系统默认值为 0,图 5.7 所示为输入数据"80"时的显示。

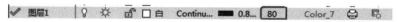

图 5.7　图层透明度数据输入

3. 重命名图层

图层在新建的时候系统默认名称为图层 1、图层 2、图层 3，可以通过单击图层名称来对图层名称进行重命名，如图 5.8 所示。

图 5.8 图层重命名

4. 控制图层显示状态

在 AutoCAD 中，通过开关和冻结来控制图层的显示状态。

开/关方式中，关闭某个图层后，该图层中的对象将不再显示，但仍然可在该图层上编辑修改、绘制新的图形对象，不过新绘制的对象也是不可见的。另外通过鼠标框选无法选中被关闭图层中的对象，但还是有多种方法可以选中这些对象，如可在选择时输入"ALL"或单击右键在"快速选择"中选中该图层对象。

冻结图层后不仅使该图层不可见，而且在选择时忽略图层中的所有对象。另外，在对复杂的图作重新生成时，AutoCAD 也忽略被冻结图层中的对象，从而节约时间。图层冻结后，就不能在该图层上绘制新的图形对象，也不能编辑和修改，属于不可见、不可编辑状态。

5. 设置当前图层

在图层特性管理器的图层列表中，选择某一图层后，再单击"当前图层"按钮 ✔，即可将该层设置为当前层，如图 5.9 所示。

图 5.9 当前图层设置

6. 删除指定图层

在图层特性管理器中单击选中要删除图层的名称,再单击"删除图层"按钮 ✖ ,即可删除所选择的图层,如图 5.10 所示。

图 5.10   删除图层操作

注意:被删除的图层要满足以下条件才可以被删除:①该图层不能有对象;②该图层不能为当前层;③该图层中不能有内部块存在。

习题

1. 在 AutoCAD 中新建一个文档,以姓名作为文件名称,设置图形界限为 A4 图纸大小(210×297)。

2. 在 AutoCAD 创建的图纸中,新建 4 个图层,要求如下:

(1) 轮廓线:continuous   白色   0.5 mm

(2) 细实线:continuous   绿色   0.25 mm

(3) 中心线:center2   红色   0.25 mm

(4) 虚线:ACAD-ISO02W100   黄色   0.25 mm

项目六　文字与表格

学习目标

掌握创建文字样式、创建表格样式及编辑表格和表格单元的方法。

知识要点

本章的知识要点主要包括创建文字样式、创建单行文字、使用文字控制符、编辑单行文字、创建多行文字、编辑多行文字、创建和管理表格、编辑表格和表格单元。

绘图技巧

无论是在创建文字还是在创建表格之前，首先要创建文字样式或表格样式，对文字或表格做统一的规定。文字的创建包括创建单行文字和创建多行文字，同时还包括特殊字符的创建。对于已经创建的文字，用户还可以通过多种方式对其进行编辑。在创建表格之前，首先要对表格的参数进行设置，才能创建出符合用户要求的表格，另外用户还可以利用多种方式对创建的表格及其数据进行编辑。

文字是 AutoCAD 图形中很重要的图形元素，是机械制图和工程制图中不可缺少的组成部分。图样中通常用文字注释来标注图样中的一些非图形信息。例如，机械图样中的技术要求、装配说明，以及工程图样中的材料说明、施工要求等。AutoCAD 具有很好的文字处理功能，它可使图中的文字符合各种制图标准，并可以自动生成各类数据表格。

任务一　文字样式的设置

在 AutoCAD 中，所有文字都有与之相关联的文字样式。在创建文字注释和尺寸标注时，AutoCAD 通常使用当前的文字样式，也可以根据具体要求重新设置文字样式或创建新的样式。文字样式包括文字"字体""字型""高度""宽度系数""倾斜角""反向""倒置"以及"垂直"等。

1. 创建文字样式

启动命令的方法：在命令行输入"STYLE"后回车；单击菜单栏中的"格式"→"文字样式"；单击工具栏图标 🅰 。

执行命令后，系统打开"文字样式"对话框，如图 6.1 所示。

各选项说明如下所述。

（1）按钮区选项组。在"文字样式"对话框的右侧和下方有若干按钮，它们用来对文字样式进行最基本的管理操作。

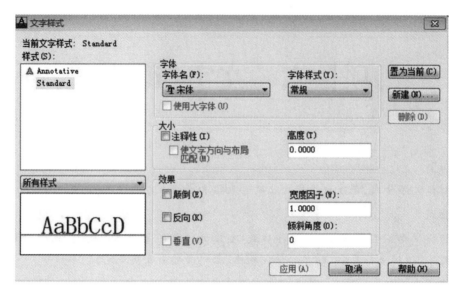

图 6.1 "文字样式"对话框

图 6.2 "新建文字样式"对话框

"置为当前(C)"按钮:将在"样式(S)"列表中选择的文字样式设置为当前文字样式。

"新建(N)"按钮:该按钮是用来创建新字体样式的。单击该按钮,弹出"新建文字样式"对话框,如图 6.2 所示。在该对话框的编辑框中输入用户所需要的样式名,再单击"确定"按钮,返回到"新建文字样式"对话框,在对话框中对新命名的文字进行设置。

"删除(D)"按钮:该按钮是用来删除在"样式(S)"列表区选择的文字样式,但不能删除当前文字样式,以及已经用于图形中的文字样式。

"应用(A)"按钮:在修改了文字样式的某些参数后,该按钮变为有效。单击该按钮,可使设置生效,并将所选文字样式设置为当前文字样式。此时"取消"按钮将变为"关闭(C)"按钮。

(2)"字体"设置选项组。该设置区用来设置文字样式的字体类型及大小。

"字体名"列表框:在该列表框中可以显示和设置西文和中文字体,单击该列表框右侧的下拉箭头,在弹出的下拉列表框中可看见供选择用的多种西文和中文字体。

"字体样式"下拉列表框:其用于显示指定字体格式,如斜体、粗体或常规字体。只有选择 Windows 的实体字时,该下拉列表框才可用。

"使用大字体"复选框:其用于设置大字体选项,只有 shx 文件可以创建大字体。当用户选中该复选框时,请注意下拉列表框的名称变化。原"字体名"下拉列表框变成"SHX 字体"下拉列表框,原"字体样式"下拉列表框变为"大字体"下拉列表框,可选择其中相应的大字体。

(3)"大小"设置选项组。

"高度"编辑框:设置文字样式的默认高度,其缺省值为 0。如果该数值为 0,则在创建单行文字时,必须设置文字高度;而在创建多行文字或标注文本时,文字的默认高度均为 2.5,用户可以根据情况进行修改。如果该数值不为 0,无论是创建单行文字、多行文字,还是创建标注文本,该数值将被作为文字的默认高度。

"注释性"复选框：如果选中该复选框，表示使用此文字样式创建的文字将支持使用注释比例，此时"高度"编辑框将变为"图纸文字高度"编辑框，如图6.3所示。

图6.3　"注释性"复选框

（4）"效果"设置选项组。

该选项组可以设置文字的显示效果，如图6.4所示。

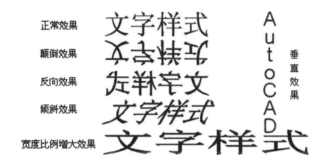

图6.4　文字的显示效果

"颠倒"：控制是否将字体倒置。

"反向"：控制是否将字体以反向注写。

"垂直"：控制是否将文本以垂直方向注写。

"宽度因子"：用来设置文字字符的高度和宽度之比。当值为1时，将按照系统定义的宽度比书写文字；当小于1时，字符会变窄；当大于1时，字符则变宽。

"倾斜角度"：用于确定字体的倾斜角度，其取值范围为−85°～85°，当角度数值为正值时，向右倾斜；为负值时，向左倾斜；若要设置国标斜体字，则设置为15°。

（5）"预览"显示区：可以预览所选择或设置的文字样式效果。动态显示文字样例如图6.5所示。

图6.5　动态显示文字样例

（6）"样式"列表框：用于显示当前图形中已定义的文字样式。"Standard"为默认文字样式。

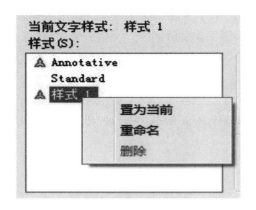

图 6.6　重命名快捷菜单

完成文字样式设置后,单击右上角的"应用"按钮,再单击"关闭"按钮关闭对话框。注写文本时,AutoCAD 将按设置的文字样式进行文本标注。

2. 修改文字样式

在"样式"列表框中单击鼠标左键选中所要修改的文字样式,然后进行相关项目修改,修改完后单击"应用"按钮即可完成修改。

3. 重命名文字样式

在"样式"列表框中选中所要修改的文字样式,单击鼠标右键,弹出快捷菜单如图 6.6 所示,然后选中重命名,进行命名,再单击鼠标左键完成操作。

4. 选择文字样式

在图形文件中输入的文字的样式是根据当前使用的文字样式决定的。将某一个文字样式设置为当前文字样式有如下两种方法。

(1) 使用"文字样式"对话框。打开"文字样式"对话框,在"字体样式"选项的下拉列表中选择要使用的文字样式,单击"应用"按钮,关闭对话框,完成文字样式的选择,如图 6.7 所示。

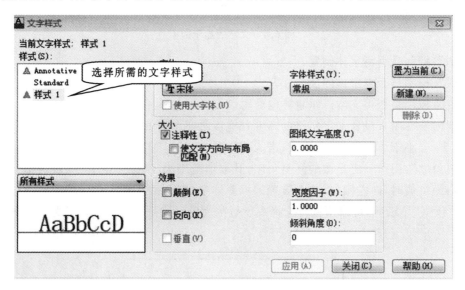

图 6.7　使用"文字样式"对话框选择文字样式

(2) 使用"样式"工具栏。在"样式"工具栏中的"文字样式管理器"选项的下拉列表中选择需要的文字样式,如图 6.8 所示。

图 6.8　使用"样式"工具栏选择文字样式

任 务 二　单 行 文 字

注写单行文字时可使用"Enter"键换行,也可在另外的位置单击鼠标左键,确定一个新的起始位置。不论换行还是重新确定起始位置,每次输入的一行文本为一个对象。

1. 创建单行文字

该命令用来创建比较简单的文字对象。

启动命令的方式:在命令行输入"TEXT"后回车,或单击菜单栏中的"绘图"→"文字"→"单行文字",或单击工具栏图标 **AI**。

执行命令,AutoCAD 提示如下。

当前文字样式:"Standard";文字高度:2.5

指定文字的起点或[对正(J)/样式(s)]:(单击一点,在绘图区域中确定文字的起点)

指定高度:(输入文字高度,也可以拾取两点,以两点之间的距离为字高)

指定文字的旋转角度:(输入文字旋转的角度,也可以拾取两点,以两点的连线与坐标轴正方向的夹角为旋转角)

输入文字:输入文字后按"Enter"键换行。如果结束文字输入,可再次按"Enter"键。

命令选项说明如下。

指定文字的起点:用于确定文本基线的起点位置,水平注写时,文本由此点向右排列,称为"左对齐",为默认选项。

对正(J):用于确定文本的位置和对齐方式。在系统中,确定文本位置需采用 4 条线:顶线、中线、基线和底线,这 4 条线的位置如图 6.9 所示。

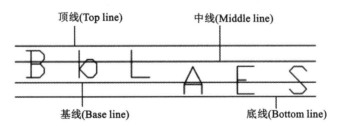

顶线(Top line)　　中线(Middle line)

基线(Base line)　　底线(Bottom line)

图 6.9　文本排列位置的基准线

选择"J"选项后,提示如下。

输入选项:[对齐(A)/调整(F)/中心(C)/中间(M)/右(R)/左下(TL)/中上(TC)/右上(TR)/左中(ML)/正中(MC)/右中(MR)/左下(BL)/中下(BC)/右下(BR)]:(输入选择项)

对齐(A):确定文本基线的起点和终点,文本字符串的倾斜角度服从于基线的倾斜角度,系统根据基线起点和终点的距离、字符数及字体的宽度系数,自动计算字体的高度和宽度,使文本字符串均匀地分布于给定的两点之间。

调整(F):按设定的字高注写文本。

2．输入特殊字符

创建单行文字时,用户还可以在文字中输入特殊字符,例如直径符号 ϕ、百分号％、正负公差符号±、文字的上画线与下画线等,但是这些特殊字符一般不能由键盘直接输入,为此系统提供了专用的代码。表6.1为用户提供了特殊字符的代码。

表 6.1　特殊字符的代码

代　　码	特 殊 字 符	代　　码	特 殊 字 符
％％O	上画线	\u＋2248	几乎相等"≈"
％％U	下画线	\u＋2220	角度"∠"
％％D	度符号"°"	\u＋2260	不相等"≠"
％％P	正/负符号"±"	\u＋2082	下标2
％％C	直径符号"ϕ"	\u＋00B2	平方
％％％	百分号"％"	\u＋00B3	3次方

3．修改单行文字

该命令用于对已输入的单行文字进行编辑修改。

启动命令的方法:在命令行输入"DDEDIT"后回车,或单击菜单栏中的"修改"→"对象"→"文字"→"编辑";单击工具栏图标 ![icon]。

执行命令,AutoCAD提示如下。

选择注释对象或[放弃(U)]:(选择注释对象)

进行文字修改,按"Enter"键结束命令。

任务三　多 行 文 字

多行文字又称为段落文字,是一种更易于管理的文字对象,由两行以上的文字组成,而且各行文字都作为一个整体处理。

1．创建多行文字

该命令用来创建比较简单的文字对象。

启动命令的方法:在命令行输入"MT"后回车,或单击"绘图"→"文字"→"多行文字"选项,或单击工具栏图标 **A**。

执行命令,AutoCAD提示如下。

当前文字样式:Standard 当前文字高度 0.000(显示当前文字标注样式和高度)

指定第一角点:(指定多行文字框的第一角点位置)

指定对角点或[高度(H)/对正(J)/行距(L)/旋转(R)/样式(S)/宽度(W)]:(指定对角点或选项,输入文字后回车结束命令)

各选择项说明如下。

指定对角点:用于确定标注文本框的另一个角点,为默认选项。

高度(H):用于确定字体的高度。

对正(J):用于设置文本的排列方式。

行距(L):用于设置行间距。

旋转(R):用于设置文本框的倾斜角度。

样式(S):用于设置当前字体样式。

宽度(W):用于设置文本框的宽度。

2. 多行文字对话框介绍

多行文字的对话框分为"文字格式"工具栏和文字输入窗口两部分。

当确定标注多行文字区域后,将弹出创建多行文字的"文字格式"工具条(见图 6.10)和文字输入窗口(见图 6.11)。利用它们可以完成多行文字的各种输入。

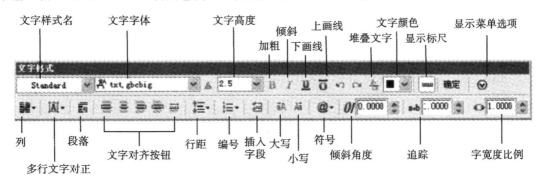

图 6.10　"文字格式"工具条

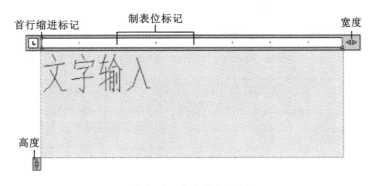

图 6.11　文字输入窗口

"文字格式"工具条:用于对多行文字的输入设置。其主要功能如下所述。

文字样式名:用于选择文字样式。

文字字体:用于设置文字的字体。

文字高度:用于设置文字的高度。可以从下拉列表框中选择,也可以直接输入数值。

加粗、倾斜及下画线按钮:单击它们,可以进行加粗、倾斜字体或文字加下画线操作。

堆叠文字:单击该按钮,可以创建堆叠文字。使用时,需要分别输入分子和分母,其间使用"/"或"♯"分隔,然后选择这一部分文字,再单击该按钮即可。

符号:在弹出的光标菜单中,选择特殊字符的输入项,用来插入一些特殊字符如"度数"、"正/负"、"直径符号"等,如图 6.12 所示。当选择"其他"选项,将打开"字符映射表"对话框,如图 6.13 所示。在该对话框中,单击所需的特殊字符,再依次单击"选择"按钮和"复制"按钮,完

度数(D)	%%d
正/负(P)	%%p
直径(I)	%%c
几乎相等	\U+2248
角度	\U+2220
边界线	\U+E100
中心线	\U+2104
差值	\U+0394
电相角	\U+0278
流线	\U+E101
恒等于	\U+2261
初始长度	\U+E200
界碑线	\U+E102
不相等	\U+2260
欧姆	\U+2126
欧米加	\U+03A9
地界线	\U+214A
下标 2	\U+2082
平方	\U+00B2
立方	\U+00B3
不间断空格(S)	Ctrl+Shift+Space
其他(O)…	

图 6.12 "符号"选项

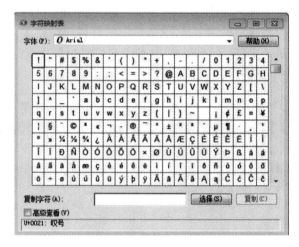

图 6.13 "字符映射表"选项

成特殊字符的复制。在文字输入窗口中,单击鼠标右键,在弹出的快捷菜单中,选择"粘贴"选项,即完成所选特殊字符输入。

插入字段:打开"字段"对话框,如图 6.14 所示,该对话框用于字段的插入操作。

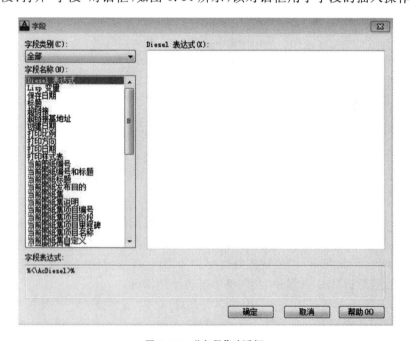

图 6.14 "字段"对话框

3. 修改多行文字

该命令用于对已输入的多行文字进行编辑修改。

(1) 该命令启动方法。

通过快捷菜单:选择要修改的文字,单击鼠标右键,在弹出的快捷菜单中选择"编辑多行文字"。其他方式同"修改单行文字"。

(2) 操作格式。

命令:(输入命令)

选择注释对象或[放弃(U)]:(选择修改对象,则弹出创建多行文字的"多行文字编辑器",对文本进行全面的编辑修改)。

4. 单行文字与多行文字的应用场合

单行文字:对于不需要多种字体或多行的简短项,可以创建单行文字。单行文字对于写标签非常方便。

多行文字:对于较长、较为复杂的内容,可以创建多行或段落文字。多行文字是由任意数目的文字行或段落组成的,布满指定的宽度,还可以沿垂直方向无限延伸。

无论行数是多少,单个编辑任务中创建的每个段落集将构成单个对象,用户可对其进行移动、旋转、删除、复制、镜像或缩放操作。

多行文字的编辑选项比单行文字多,编辑功能较全面。例如,可以将对下画线、字体、颜色和高度的修改应用到段落中的单个字符、单词或短语。

任务四　文字查找与检查

在 AutoCAD 中,用户可以快速查找、替换指定的文字,并对其进行拼写检查。

1. 文字查找替换

该功能可以查找和替换指定的文字。

启动命令的方法:在命令行输入"FIND"后回车;单击菜单栏中的"编辑"→"查找";单击鼠标右键,从光标菜单中选择"查找"选项。

命令启动后,系统打开"查找和替换"对话框,如图 6.15 所示。

图 6.15　"查找和替换"对话框

各选项说明如下。

"查找内容"文本框:用于输入要查找的字符串,也可以从下拉列表框中选择要查找的内容。

"替换为"文本框:用于输入替换后的文字,也可以从下拉列表框中选择。

◉按钮:单击此按钮,打开"搜索选项"和"文字类型"选项组,如图 6.16 所示,可以确定查找与替换的范围。

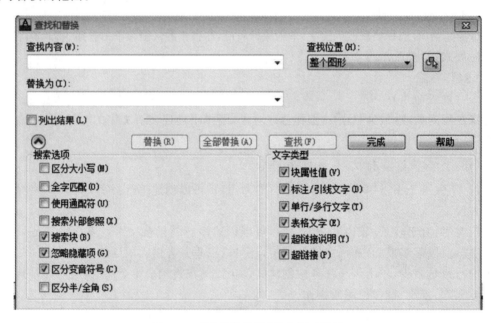

图 6.16 "查找和替换"的高级对话框

"查找位置"下拉列表框:用于选择文字的查找范围。其中"整个图形"选项用于在整个图形中查找文字;"当前选择"选项用于在指定的文字对象中查找文字。单击按钮 ⬚,然后选择图形中的文字即可。

"查找"按钮:用于开始查找文字对象,并可连续在查找范围内查找。

"替换"按钮:用于开始替换当前查到的文字。

"全部替换"按钮:用于对查找范围内的所有符合条件的内容进行替换。

当查找和替换完成后,可单击"完成"按钮,结束操作。

2. 文字拼写与检查

在 AutoCAD 中,用户可以对当前图形的所有文字进行拼写检查,以便查找文字的错误,为此系统提供了"拼写检查"命令。

启动命令的方法:在命令行输入"SPELL"后回车,或单击菜单栏中的"工具"→"拼写检查"。

执行命令,AutoCAD 打开"查找和替换"对话框,如图 6.15 所示。

图 6.17 拼写检查完成

单击 ⬚ 按钮:可选择要进行拼写检查的文字,或者在命令行中输入"ALL"选择图形中的所有文字。

按"Enter"键,当图形中没有拼写错误的文字时,弹出"AutoCAD 信息"对话框,如图 6.17 所示,表示完成拼写检查;当 AutoCAD 检查到拼写错误的文字后,弹出"拼写检查"对话框,如图 6.18 所示,并在相应选项组中标出拼写错误的文字,此时用户即可在该对话框中进行修改等操作。

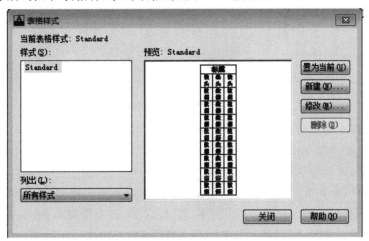

图 6.18 "拼写检查"对话框

任务五 表格应用

在绘制图形时,有时需要绘制一些表格,然后在表格中注释与图形有关的信息。在AutoCAD中,用户可以直接在绘图窗口中绘制具有标题栏和数据栏的表格,另外还可以将表格中的数据以其他格式输出。

1. 设置表格样式

启动命令的方法:在命令栏输入"TABLESTYLE"后回车,或单击菜单栏中的"格式"→"表格样式",或单击工具栏图标  。

执行该命令后,弹出"表格样式"对话框,如图 6.19 所示。

图 6.19 "表格样式"对话框

单击该对话框中的"新建"按钮,打开"创建新的表格样式"对话框,如图 6.20 所示。在该对话框中的"新样式名"文本框中输入新建表格样式的样式名,然后单击"继续"按钮,即可弹出"新建表格样式:Standard 副本"对话框,如图 6.21 所示。或者在"新样式名"列表框中选中一种表格样式,然后单击"表格样式"对话框中的"修改"按钮,即可弹出"修改表格样式:Standard"对话框,如图 6.22 所示。

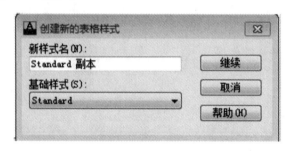

图 6.20 "创建新的表格样式"对话框

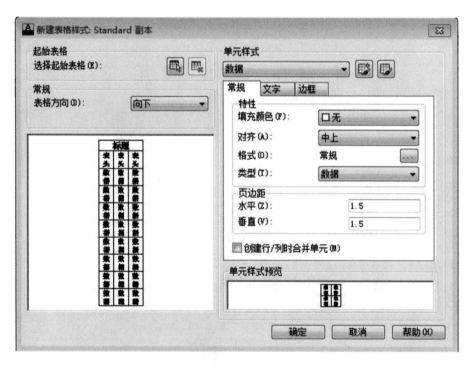

图 6.21 "新建表格样式:Standard 副本"对话框

根据需要设置对话框后,单击"确定"按钮,关闭对话框,完成创建表格样式。

(1)"表格样式"对话框。

"表格样式"对话框各选择项说明如下所述。

"样式"列表框:该列表框用于列出当前图形文件中所有的表格样式名。

"列出"下拉列表框:该下拉列表框用于控制"样式"列表框中显示的内容,系统提供了"所有样式"和"正在使用的样式"两种类型供用户选择。

"预览"框:在"样式"列表框中选中一种样式的名称后,在该预览框中即可显示该表格

图6.22　"修改表格样式:Standard"对话框

样式。

"置为当前"按钮:在"样式"列表框中选中一种表格样式后单击此按钮,即可将选中的表格样式设置为当前样式。

"新建"按钮:单击此按钮,即可创建新的表格样式。

"修改"按钮:在"样式"列表框中选中一种表格样式后单击此按钮,即可对选中的表格样式进行修改。

"删除"按钮:在"样式"列表框中选中一种表格样式后单击此按钮,即可删除选中的表格样式。

(2)"新建表格样式"对话框和"修改表格样式"对话框。

"新建表格样式"对话框和"修改表格样式"对话框中的选项相同,只是前者用于在新建表格样式时对表格样式的初始值进行设置,而后者则是对已经创建的表格样式参数进行修改。这两个对话框都由"起始表格""常规""单元样式"和"单元样式预览"4个选项组组成,下面对对话框中的各个选项进行说明。

"起始表格"选项组:该选项组允许用户在图形中指定一个表格用作样例来设置表格样式的格式。单击表格按钮[图标],回到绘图区选择表格后,可以指定要从该表格复制到表格样式的结构和内容。单击"删除表格"按钮[图标],可以将表格从当前指定的表格样式中删除。

"常规"选项组:该选项组用于设置表格的方向。单击该对话框中"表格方向"下拉列表右边的按钮,在弹出的下拉列表中可选择"向上"或"向下"选项:如果选择"向上"选项,则创建由下而上读取的表格,标题行和页眉位于表格的底部;如果选择"向下"选项,则创建由上而下读取的表格,标题行和页眉位于表格的顶部,效果如图 6.23 所示。该选项左下侧为表格设置预览框。

数据	数据	数据
数据	数据	数据
数据	数据	数据
页眉	页眉	页眉
标题		

(a)"向上"型

标题		
页眉	页眉	页眉
数据	数据	数据
数据	数据	数据
数据	数据	数据

(b)"向下"型

图 6.23　设置表格方向

"单元样式"选项组:该选项组用于定义新的单元样式或修改现有单元样式,可以创建任意数量的单元样式。"单元样式"选项组的下拉列表框显示表格中的单元样式,系统默认提供了数据、标题和表头三种单元样式,用户需要创建新的单元样式时,可以单击"创建新单元样式"按钮，弹出如图 6.24 所示的"创建新单元样式"对话框,在"新样式名"文本框中输入单元样式名称,在"基础样式"下拉列表中选择现有的样式作为参考单元样式,单击"管理单元样式"按钮，弹出如图 6.25 所示的"管理单元样式"对话框,在该对话框中用户可以对单元格式进行添加、删除和重命名。

"单元样式预览"选项组:用于显示当前表格样式效果。

图 6.24　"创建新单元样式"对话框　　　　图 6.25　"管理单元样式"对话框

"新建表格样式"对话框中的"常规""文字"和"边框"选项卡,用于设置用户创建的表格的单元文字和单元边界的外观。

"常规"选项卡包含"特性"和"页边距"两个选项组,其中"特性"选项组用于设置表格单元的填充样式、表格内容的对齐方式、表格内容的格式和类型,"页边距"选项组用于设置单元边框和单元内容之间的水平和垂直间距。

"文字"选项卡用来设置表格中文字的样式、高度、颜色、对齐方式等。"文字样式"下拉列表中列出图形中的所有文字样式。如果用户需要创建新的文字样式,可以单击该下拉列表右边的按钮,在弹出的"文字样式"对话框中创建新的文字样式。"文字高度"文本框用于设置文字高度。

"边框"选项卡:用于设置表格边框的线宽、线型、颜色和对齐方式。

2．插入表格

表格样式参数设置完成后,即可在绘图窗口中插入表格。

启动命令:在命令行输入"TABLE"后回车,或单击菜单栏中的"绘图"→"表格",或单击工具栏图标 。

执行该命令后,弹出"插入表格"对话框,如图6.26所示。

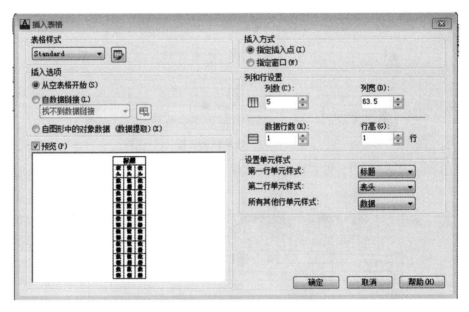

图6.26 "插入表格"对话框

根据需要设置对话框后,单击"确定"按钮,关闭对话框,返回绘图区。

"插入表格"对话框各选项说明如下所述。

"表格样式"下拉列表框用于设置表格采用的样式,默认样式为Standard。

"预览"窗口显示当前选中表格样式的预览形状。

"插入方式"选项组设置表格插入的具体方式:选择"指定插入点"单选项时,需指定表格左上角的位置。如果表格样式将表格的方向设置为由下而上读取,则插入点位于表格的左下角;选择"指定窗口"单选项时,需指定表格的大小和位置。选择此选项时,行数、列数、列宽和行高取决于窗口的大小以及列和行的设置。

"列和行设置"选项组设置列和行的数目与大小,可以通过改变"列数""列宽""数据行数""行高"文本框中的数值,来调整表格的外观大小。

"设置单元样式"选项组用于对那些不包含起始表格的表格指定行的单元样式。"第一行单元样式"下拉列表用于指定表格中第一行的单元样式,默认情况下,使用标题单元样式;"第二行单元样式"下拉列表用于指定表格中第二行的单元样式,默认情况下,使用表头单元样式;"所有其他行单元样式"下拉列表用于指定表格中所有其他行的单元样式,默认情况下,使用数据单元样式。

3. 编辑表格的行与列

创建表格后,用户可以根据需要对表格单元格进行编辑。在 AutoCAD 中,用户可以用多种方式对表格进行编辑。

(1) 选择表格与表格单元。

要调整表格外观,例如,合并表格单元、插入或删除行或列,应首先掌握如何选择表格或表格单元,具体方法如下所述。

① 要选择整个表格,可直接单击表线,或利用选择窗口选择整个表格。表格被选中后,表格框线将显示为断续线,并显示一组夹点,如图 6.27 所示。

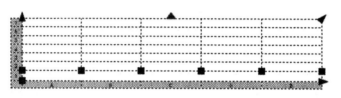

图 6.27　选择整个表格

② 要选择一个表格单元,可直接在该表格单元中单击,此时在所选表格单元四周将显示夹点,如图 6.28 所示。

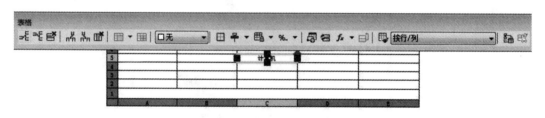

图 6.28　选择表格单元

③ 要选择单元区域,可首先在单元区域的左上角表格单元中单击,然后向单元区域的右下角表格单元中拖动,到目的位置时再释放鼠标,则选择框所包含或与选择框相交的表格单元均被选中,如图 6.29 所示。此外,在单击选中表格单元区域中某个角点的表格单元后,按住"Shift"键,再在表格单元区域中所选表格单元的对角表格单元中单击,也可选中表格单元区域。

④ 要取消表格单元选择状态,可按"Esc"键,或者直接在表格外单击。

(2) 使用夹点编辑表格。

选中表格、表格单元或表格单元区域后,通过拖动不同夹点可移动表格的位置或者调整表格的行高与列宽,这些夹点的功能如图 6.30 所示。

(3) 使用"表格"工具栏编辑表格。

在选中表格单元或表格单元区域后,"表格"工具栏被自动打开,如图 6.31 所示。通过单击其中的按钮,可进行表格插入或删除行或列,以及合并或取消合并单元格、调整单元边框等操作。

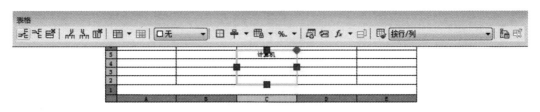

图 6.29 选择表格单元区域

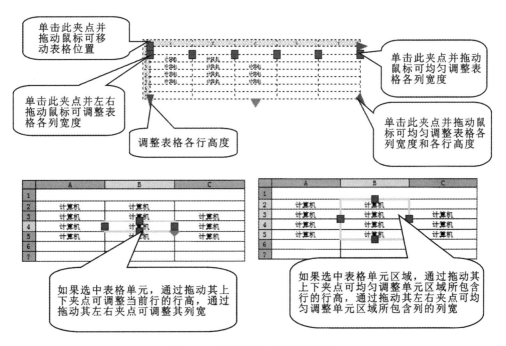

图 6.30 表格各夹点的不同用途

图 6.31 "表格"工具栏

（4）使用快捷菜单编辑表格。

选中要编辑的表格,然后单击鼠标右键,弹出快捷菜单,如图 6.32 所示,用户可以选择该快捷菜单中的命令对表格进行编辑。

4. 编辑表格的文字内容

编辑表格的文字内容和编辑表格的行与列的操作方式类似,可以在选中要编辑的文字内容框后单击鼠标右键,进行"编辑文字"选项选择,也可在要编辑表格的内容上双击鼠标左键,进入文字编辑状态,如图 6.33 所示。

图 6.32 编辑表格快捷菜单

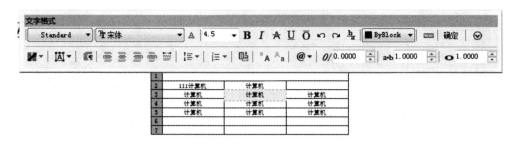

图 6.33 文字编辑状态

习题

一、思考题

1. 如何创建文字样式?

2. 用什么命令创建单行文字?

3. 用什么命令创建多行文字?

4. 如何输入一些特殊的字符?

5. 如何控制文字的显示?

二、上机操作题

1. 创建如图 6.34 所示的多行文字。

技术要求

1. 铸件必须进行清砂和时效处理,不得有砂眼;

2. 机体不得漏油;

3. 未注铸件圆角 $R=5\sim10$;

4. 机身表面做水平处理,公差为 $1^{+0.02}_{-0.02}$。

图 6.34 多行文字练习

2. 绘制如图 6.35 所示的特殊字符文本。

直径符号：ϕ
尺寸公差：100±0.1
角度符号：°

图 6.35 绘制特殊字符文本

3. 创建如图 6.36 所示的表格，并输入文字和数据。

<table>
<tr><td colspan="4" rowspan="2">锥齿轮</td><td>材料</td><td>36</td></tr>
<tr><td>数量</td><td>2</td></tr>
<tr><td>设计者</td><td>李</td><td></td><td rowspan="3"></td><td>重量</td><td>45 kg</td></tr>
<tr><td>制图者</td><td>张</td><td></td><td>比例</td><td>1∶1</td></tr>
<tr><td>审核者</td><td>王</td><td></td><td>图号</td><td>061203001</td></tr>
</table>

图 6.36 练习表格

4. 创建如图 6.37 所示的标题栏表格。

<table>
<tr><td>8</td><td colspan="3" rowspan="2">(图名)</td><td>比例</td><td>数量</td><td>材料</td><td rowspan="2"></td></tr>
<tr><td>8</td><td></td><td></td><td></td></tr>
<tr><td>8</td><td>制图</td><td>(姓名)</td><td>(日期)</td><td colspan="4" rowspan="2">(学校、班级)</td></tr>
<tr><td>8</td><td>校核</td><td>(姓名)</td><td>(日期)</td></tr>
<tr><td></td><td>15</td><td>25</td><td>20</td><td>15</td><td>15</td><td>25</td><td>25</td></tr>
</table>

图 6.37 标题栏

5. 创建如图 6.38 所示的弯曲模装配图的明细表。

14	GB 70	内六角螺钉	2		
13	01-02	定位板	2	45	
12	GB 5783	六角头螺栓	4		
11	01-04	凹模	2	Cr12MoV	
10	01-01	凸模	1	Cr12MoV	
9		模柄	1	Cr15	
8	GB 11	销	1		
7	01-05	顶件板	1	Cr12MoV	
6	GB 11	销	4		
5	01-03	下模座	1	Q235	
4	GB 5782		2		
3	GB/T 2867.2	带头螺柱	1		
2		弹顶器托板	1	Q235	
1		橡胶块	1	橡胶	
序号	代号	名称	数量	材料	备注

图 6.38 弯曲模装配图明细表

项目七 尺寸标注与参数化绘图

学习目标

能熟练对绘制好的工程图样进行尺寸标注。

知识要点

尺寸的基本概念、定义尺寸标注样式、标注尺寸、多重引线标注、标注尺寸公差与形位公差、编辑尺寸、参数化绘图。

绘图技巧

灵活运用编辑标注、编辑标注文字来修改已标注的尺寸,利用参数化绘图来约束图形能很好地美化、标准化图样。

任务一 尺寸标注概述

1. 尺寸标注的组成

AutoCAD 中,一个完整的尺寸一般由尺寸线、尺寸界线、尺寸数字和尺寸箭头 4 部分组成,如图 7.1 所示。请注意,这里的"箭头"是一个广义的概念,也可以用半字线、点或其他标记代替尺寸箭头。

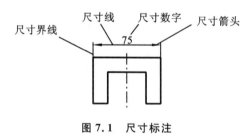

图 7.1　尺寸标注

2. 尺寸标注规则

物体的真实大小应以图样上所标注的尺寸数字为依据,与图形的大小及绘图的准确度无关。

图样中的尺寸以 mm 为单位时,不需要标注计量单位的代号或名称。如采用其他单位,则必须注明相应计量单位的代号或名称,如 m 及 cm 等。

图样中所标注的尺寸为该图样所表示的物体的最后完工尺寸,否则应另加说明。

3.尺寸标注类型

AutoCAD将尺寸标注分为线性标注、对齐标注、半径标注、直径标注、弧长标注、折弯标注、角度标注、引线标注、基线标注、连续标注等多种类型,而线性标注又分水平标注、垂直标注和旋转标注。

任务二　标注样式管理器

尺寸标注样式(简称标注样式)用于设置尺寸标注的具体格式,如尺寸文字采用的样式,尺寸线、尺寸界线以及尺寸箭头的标注设置等,以满足不同行业或不同国家的尺寸标注要求。

定义、管理标注样式的命令是DIMSTYLE。执行DIMSTYLE命令将弹出图7.2所示的"标注样式管理器"对话框。

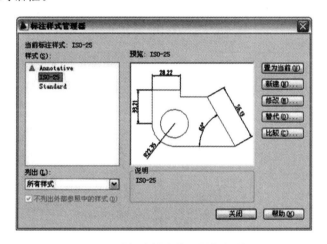

图7.2　"标注样式管理器"对话框

其中:"当前标注样式"标签显示出当前标注样式的名称;"样式"列表框用于列出已有标注样式的名称;"列出"下拉列表框确定要在"样式"列表框中列出哪些标注样式;"预览"图片框用于预览在"样式"列表框中所选定标注样式的标注效果;"说明"标签框用于显示在"样式"列表框中所选定标注样式的说明。

标注样式管理器右侧按钮说明如下所述:

"置为当前"按钮把指定的标注样式置为当前样式;"新建"按钮用于创建新标注样式;"修改"按钮用于修改已有标注样式;"替代"按钮用于设置当前标注样式的替代样式;"比较"按钮用于对两个标注样式进行比较,或了解某一样式的全部特性。

任务三　新建标注样式

在"标注样式管理器"对话框中单击"新建"按钮,将弹出如图7.3所示的"创建新标注样式"对话框。

可通过该对话框中的"新样式名"文本框指定新样式的名称;通过"基础样式"下拉列表框选定创建新样式的基础样式;"用于"下拉列表中有"所有标注""线性标注""角度标注""半径标

图 7.3 "创建新标注样式"对话框

注""直径标注""坐标标注"和"引线和公差"等选择项,分别用于使新标注样式适用于对应的标注。确定新样式的名称和有关设置后,单击"继续"按钮,将弹出"新建标注样式"对话框,如图7.4 所示。对话框中有"线""符号和箭头""文字""调整""主单位""换算单位"和"公差"7 个选项卡。

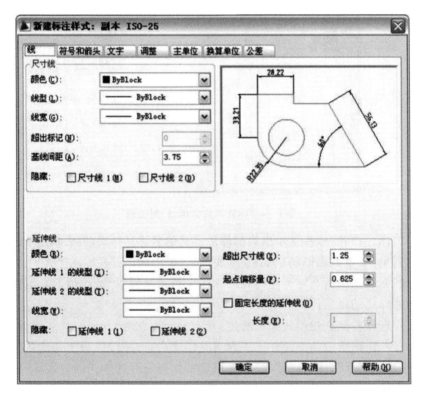

图 7.4 "新建标注样式"对话框

1. 线

"线"选项卡用于设置尺寸线和尺寸界线的格式与属性。

(1)"尺寸线"选项组。

颜色:用于选择尺寸线的颜色。

线型:用于选择尺寸线的线型。

线宽:用于指定尺寸线的宽度。

超出标记:当尺寸箭头采用斜线、建筑标记、小点或无标记时,尺寸线超出尺寸界线的长度称为超出标记,如图 7.5 所示。

基线间距:相邻尺寸线间的距离,如图 7.6 所示。

隐藏:用于控制尺寸线的可见性,如图 7.7 所示。

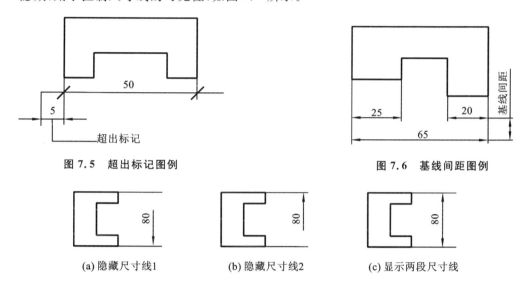

图 7.5　超出标记图例　　　　　图 7.6　基线间距图例

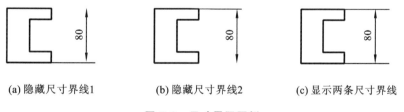

(a) 隐藏尺寸线1　　　(b) 隐藏尺寸线2　　　(c) 显示两段尺寸线

图 7.7　尺寸线标注图例

(2)"延伸线"选项组用于设置尺寸界线的样式。

颜色:用于确定尺寸界线的颜色。

延伸线 1 的线型:用于确定第一条尺寸界线的线型。

延伸线 2 的线型:用于确定第二条尺寸界线的线型。

线宽:用于确定尺寸界线的宽度。

隐藏:用于控制两条尺寸界线的可见性,如图 7.8 所示。

(a) 隐藏尺寸界线1　　　(b) 隐藏尺寸界线2　　　(c) 显示两条尺寸界线

图 7.8　尺寸界限图例

超出尺寸线:用于控制尺寸界线超出尺寸线的距离,如图 7.9 所示。

起点偏移量:用于控制尺寸界线的起点相对于其定义点的偏移距离,如图 7.9 所示。

固定长度的延伸线:用于确定尺寸界线从尺寸线开始到标注原点的总长度。

(3) 预览窗口可根据当前的样式设置显示出对应的标注效果示例。

2. 符号和箭头

"符号和箭头"选项卡用于设置尺寸箭头、圆心标记、弧长符号以及半径折弯标注的格式,

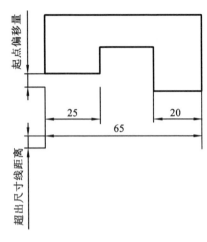

图 7.9 超出尺寸线和起点偏移量图例

如图 7.10 所示。

(1)"箭头"选项组用于确定尺寸线两端的箭头样式。

第一个:用于确定尺寸线在第一端点处的样式。单击"第一个"列表框右侧的小箭头,弹出如图 7.11 所示的列表框,列表框中显示出所有可供用户选择的箭头样式。

第二个:用于确定尺寸线在第二端点处的样式。单击"第二个"列表框右侧的小箭头,同样可显示与图 7.11 相同的箭头样式。

引线:用于确定引线标注时,引线在起始点处的样式。

箭头大小:用于控制尺寸箭头的长度。

图 7.10 "符号和箭头"选项卡

(2)"圆心标记"选项组用于对圆或圆弧执行圆心标记操作时,确定圆心标记的类型与大小。该选项组提供了"无""标记""直线"3 个类型选项,效果如图 7.12 所示。

(3)"折断标注"选项确定在尺寸线或延伸线与其他线重叠处打断尺寸线或延伸线时的尺寸标注。

(4)"弧长符号"选项组用于为圆弧标注长度尺寸时的设置。

标注文字的前缀:用于将弧长符号放在标注文字前面,如图 7.13(a)所示。

标注文字的上方:用于将弧长符号放在标注文字的上方,如图 7.13(b)所示。

无:不显示弧长符号,如图 7.13(c)所示。

(5)"半径标注折弯"选项通常用于需标注尺寸的圆弧的圆心点位于较远位置时的标注。

图 7.11　"符号和箭头"选项卡

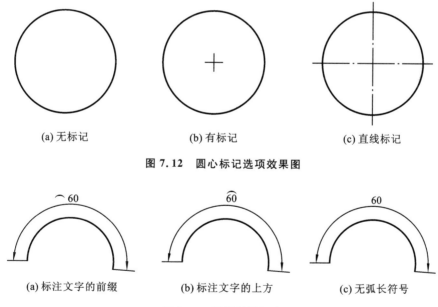

(a) 无标记　　　　　　　(b) 有标记　　　　　　　(c) 直线标记

图 7.12　圆心标记选项效果图

(a) 标注文字的前缀　　　(b) 标注文字的上方　　　(c) 无弧长符号

图 7.13　弧长符号标注

其角度为连接半径标注的尺寸界线和尺寸线之间的横向直线角度,如图 7.14 所示。

（6）"线性折弯标注"选项用于线性折弯标注设置。线性标注的折弯高度 h 为折弯高度因子与尺寸文字高度的乘积。用户可以在"折弯高度因子"中输入折弯高度因子。

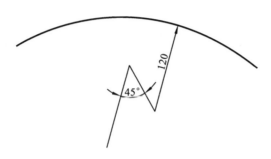

图 7.14   半径标注折弯数值为 45°实例

3. 文字

"文字"选项卡用于设置尺寸文字的外观、位置以及对齐方式等,如图 7.15 所示。

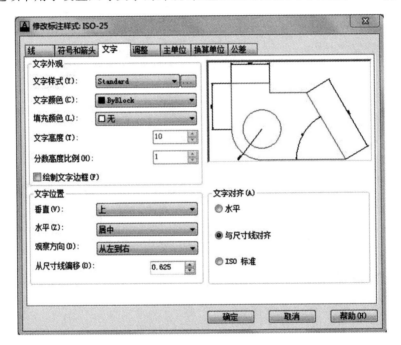

图 7.15   "文字"选项卡

(1)"文字外观"选项组用于设置尺寸文字的样式等。

文字样式:用于选择标注文字所用的文字样式。如需要其他文字样式,可单击文字样式右侧的按钮 ... ,即可弹出文字样式对话框来创建新的文字样式。

文字颜色:用于设置标注文字的颜色。

填充颜色:用于设置标注文字背景的颜色。

文字高度:用于设置当前文字高度。若已经在"格式"→"文字样式"中设置了文字高度,那么此时输入的数值是无效的。

分数高度比例:用于指定分数形式字符与其他字符之间的比例,只有选择支持分数的标注格式时才可进行此项设置。

绘制文字边框:选择此项即为标注文字添加一个矩形边框,如图7.16所示。

(2)"文字位置"选项组用于设置尺寸文字的位置。

垂直:用于控制尺寸文字相对于尺寸线在垂直方向的放置形式,包括居中、上、下、外部和JIS几种选项。"居中"表示把尺寸文字放在尺寸线中间;"上"表示把尺寸文字放在尺寸线的上方;"下"表示把尺寸文字放在尺寸线的下方;"外部"表示把尺寸文字放在远离尺寸界线起点的尺寸线一侧;"JIS"则按照JIS规则放置尺寸文字。其效果如图7.17所示。

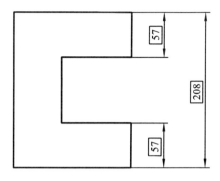

图7.16　绘制文字边框图例

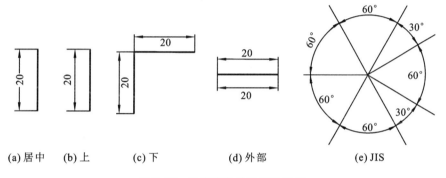

(a) 居中　(b) 上　(c) 下　(d) 外部　(e) JIS

图7.17　垂直方向放置的效果图

水平:用于控制尺寸文字相对于尺寸线在水平方向的放置形式。包括居中、第一条尺寸界线、第二条尺寸界线、第一条尺寸界线上方、第二条尺寸界线上方几种选项。效果如图7.18所示。

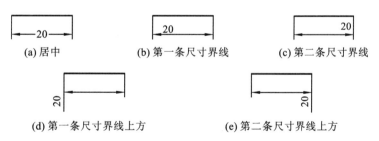

(a) 居中　　　(b) 第一条尺寸界线　　　(c) 第二条尺寸界线

(d) 第一条尺寸界线上方　　　(e) 第二条尺寸界线上方

图7.18　水平方向放置的效果图

观察方向:用于设置尺寸文字观察方向,即控制从左向右写尺寸文字还是从右向左写尺寸文字。

从尺寸线偏移:用于控制尺寸文字与尺寸线之间的距离。

(3)"文字对齐"选项组用于控制标注文字的方向是水平还是与尺寸界线平行,包括"水平""与尺寸线对齐""ISO标准"三个选项。"水平"是确定尺寸文字是否水平放置;"与尺寸线对齐"是确定尺寸文字方向是否与尺寸线方向一致;"ISO标准"是确定尺寸文字是否按照ISO标准进行放置,即当尺寸文字位于尺寸界线之间时,文字方向与尺寸线方向一致,当尺寸文字在尺寸界线之外时,尺寸文字水平放置等。文字对齐效果如图7.19所示。

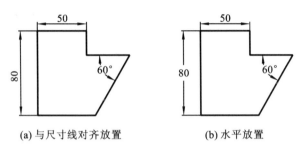

(a) 与尺寸线对齐放置   (b) 水平放置

图 7.19　文字对齐效果图

4. 调整

"调整"选项卡(见图 7.20)用于控制尺寸文字、尺寸线以及尺寸箭头等的位置和其他一些特征。

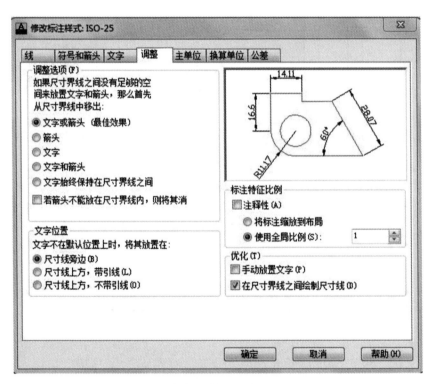

图 7.20　"调整"选项卡

(1)"调整选项"选项组主要用于控制尺寸界线之间的文字和箭头的位置(在被测要素里面还是外面)。

文字或箭头(最佳效果):当尺寸界线间有足够的位置放置文字和箭头时,文字和箭头都放在尺寸界线内,否则将对文字和箭头自动选择最佳效果,如图 7.21 所示。

箭头:选择此项是将箭头尽量放置在尺寸界线内,否则,将文字和箭头都放在尺寸界线外。

文字:选择此项是将文字尽量放置在尺寸界线内,否则,将文字和箭头都放在尺寸界线外。

文字和箭头:选择此项后,当尺寸界线间距离不足以放下文字和箭头时,文字和箭头都放在尺寸界线外。

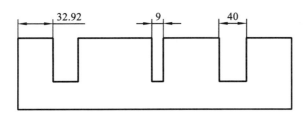

图 7.21　文字和箭头放置效果图

文字始终保持在尺寸界线之间:选择此项表示始终将文字放在尺寸界线之间。

若箭头不能放在尺寸界线内,则将其消:选择此项表示如果尺寸界线内没有足够的空间时,则隐藏箭头。

(2)"文字位置"选项组主要用于确定当尺寸文字不在默认位置时,应将其放在何处。

尺寸线旁边:用于将标注文字放在尺寸线旁边。

尺寸线上方,带引线:如果文字移动到尺寸线外时,从文字到尺寸线将创建一条引线,但文字靠近尺寸线时,将省略引线。

尺寸线上方,不带引线:用于在移动文字时保持尺寸线的位置,远离尺寸线的文字不与带引线的尺寸线相连,效果如图 7.22 所示。

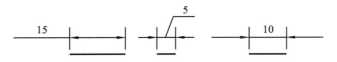

图 7.22　文字位置的效果图

(3)"标注特征比例"选项组用于设置所标注尺寸的缩放关系。

(4)"优化"选项组用于设置标注尺寸时是否进行附加调整。

手动放置文字:将尺寸文字放在用户指定的位置。

在尺寸界线之间绘制尺寸线:用于将尺寸线箭头放在尺寸线外时,在尺寸界线内绘制尺寸线。

5. 主单位

"主单位"选项卡(见图 7.23)用于设置主单位的格式、精度以及尺寸文字的前缀和后缀。

(1)"线性标注"选项组用于设置线性标注的格式与精度。

单位格式:用于设置除角度之外的标注类型的当前单位格式,分为科学、小数、工程、建筑和分数 5 种。

精度:用于设置标注文字中的小数位数。

分数格式:确定当单位格式为分数格式时的标注格式。

小数分隔符:用于确定当单位格式为小数格式时的分隔符号类型。

舍入:用于确定尺寸测量值的测量精度。

前缀:标注在尺寸前面的内容称为前缀,在文本框中输入内容即可标注出带有前缀的尺寸。

后缀:标注在尺寸后面的内容称为后缀,在文本框中输入内容即可标注出带有后缀的尺寸。

(2)测量单位比例。

比例因子:用于确定标注尺寸的缩放比例。

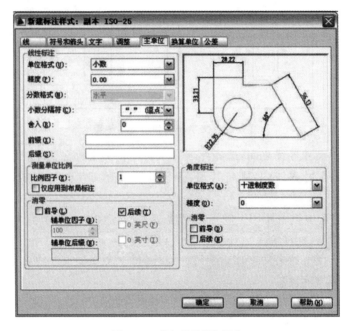

图 7.23 "主单位"选项卡

仅应用到布局标注:用于设置所确定的比例关系是否仅适用于布局。

（3）消零。

"消零"选项组用于确定是否显示尺寸标注中的前导零或后续零。如 0.800 变为.800，8.8000 变为 8.8。

前导:选中为不输出前导零。

后续:选中为不输出后导零。

（4）角度标注。

单位格式:用于确定标注角度时的单位,分为十进制度数、度/分/秒、百分度及弧度。

精度:用于确定标注角度时的尺寸精度。

消零:与上面相同,不再赘述。

6. 换算单位

"换算单位"选项卡(见图 7.24)用于确定是否应用换算单位。

（1）显示换算单位:用于确定是否在标注尺寸时显示出换算单位。

（2）换算单位

单位格式:用于设置换算单位的格式。

精度:用于设置换算单位保留小数的位数。

换算单位倍数:用来指定一个乘数,以作为主单位和换算单位之间的换算因子。

舍入精度:用于设置除角度以外的所有标注类型的换算单位的舍入规则。

前缀:为换算标注文字指定前缀。

后缀:为换算标注文字指定后缀。

（3）消零。

同前所述。

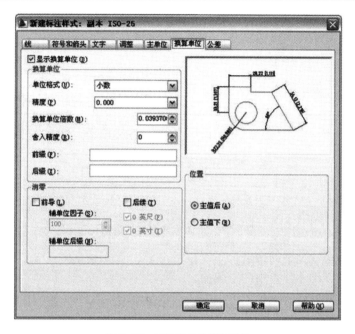

图 7.24　"换算单位"选项卡

（4）位置：确定换算单位在尺寸中的位置。

主值后：换算单位放在主值的后面。

主值下：换算单位放在主值的下面。

7．公差

"公差"选项卡（见图 7.25）用于确定是否标注公差，如果标注公差的话，以何种方式进行标注。

图 7.25　"公差"选项卡

（1）公差格式：该选项组用于确定公差的标注格式。

方式：用来确定标注公差的方式，分为无、对称公差、极限公差、极限尺寸和基本尺寸 5 类选项。标注效果如图 7.26 所示。

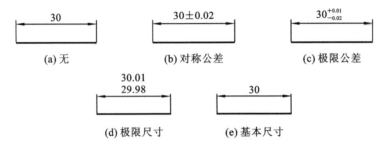

(a) 无　　　　　　　(b) 对称公差　　　　　　(c) 极限公差

(d) 极限尺寸　　　　(e) 基本尺寸

图 7.26　公差标注类型效果图

精度：用于设置尺寸公差的精度。

上偏差：用于设置尺寸公差中的上偏差。

下偏差：用于设置尺寸公差中的下偏差。

高度比例：用于确定公差文字与基本尺寸的高度比。

垂直位置：用于控制对称公差和极限公差相对于基本尺寸的位置，分为上、中、下几种选项。

（2）公差对齐：该选项组用于控制公差值的对齐方式。

对齐小数分隔符：确定小数分隔符对齐。

对齐运算符：确定运算符对齐。

（3）消零。

前导：选中表示消除公差值的前导零。

后续：选中表示消除公差值的后续零。

（4）换算单位公差：该选项组用于确定标注换算单位时换算单位公差的精度及是否消零。

任务四　尺寸标注

1. 线性标注

线性标注指标注图形对象在水平方向、垂直方向或指定方向的尺寸，又分为水平标注、垂直标注和旋转标注三种类型。水平标注用于标注对象在水平方向的尺寸，即尺寸线沿水平方向放置；垂直标注用于标注对象在垂直方向的尺寸，即尺寸线沿垂直方向放置，如图 7.27 所示；旋转标注则标注对象沿指定方向的尺寸。

图 7.27　线性标注

启动命令：单击"标注"工具栏上的 ⊢ 按钮，或单击菜单栏的"标注"→"线性"命令，或执行"DIMLINEAR"命令。

执行命令，AutoCAD 提示如下。

指定第一条尺寸界线原点或 ＜选择对象＞：

在此提示下用户有两种选择，即确定一点作为第一条尺寸界线的起始点或直接按"Enter"键选择对象。

（1）执行"指定第一条尺寸界线原点"。

如果在提示下指定第一条尺寸界线的起始点，AutoCAD 提示如下。

指定第二条尺寸界线原点：（确定另一条尺寸界线的起始点位置）

指定尺寸线位置或[多行文字(M)/文字(T)/角度(A)/水平(H)/垂直(V)/旋转(R)]：

其中，"指定尺寸线位置"选项用于确定尺寸线的位置。通过拖动鼠标的方式确定尺寸线的位置后，单击拾取键，AutoCAD 根据自动测量出的两尺寸界线起始点间的对应距离值标注出尺寸。如图 7.27 所示。

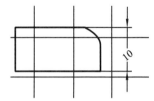

"多行文字"选项用于根据文字编辑器输入尺寸文字。"文字"选项用于输入尺寸文字。"角度"选项用于确定尺寸文字的旋转角度。文字旋转角度标注如图 7.28 所示。"水平"选项用于标

图 7.28 文字旋转角度标注

注水平尺寸，即沿水平方向的尺寸。"垂直"选项用于标注垂直尺寸，即沿垂直方向的尺寸。"旋转"选项用于旋转标注，即标注沿指定方向的尺寸。

（2）执行"＜选择对象＞"。

如果在提示下直接按"Enter"键，即执行"＜选择对象＞"选项，AutoCAD 提示如下。

选择标注对象：

此提示要求用户选择要标注尺寸的对象。用户选择后，AutoCAD 将该对象的两端点作为两条尺寸界线的起始点，并提示如下。

指定尺寸线位置或[多行文字(M)/文字(T)/角度(A)/水平(H)/垂直(V)/旋转(R)]：

此提示的操作与前面介绍的操作相同，用户响应即可。

2. 对齐标注

对齐标注指所标注尺寸的尺寸线与两条尺寸界线起始点间的连线平行。

单击"标注"工具栏上的 按钮；单击菜单栏中的"标注"→"对齐"命令；执行"DIMALIGNED"命令，AutoCAD 提示如下。

指定第一条尺寸界线原点或 ＜选择对象＞：

在此提示下的操作与标注线性尺寸类似，不再介绍。对齐标注如图 7.29 所示。

图 7.29 对齐标注

3. 坐标标注

坐标标注测量原点（也称为基准）到特征（例如部件上的一个孔）的垂直距离。这种标注保持特征点与基准点的精确偏移量，从而避免增大误差。坐标标注样例如图 7.30 所示。

坐标标注由 X 值或 Y 值和引线组成。X 基准坐标标注沿 X 轴测量特征点与基准点的距离，Y 基准坐标标注沿 Y 轴测量距离，如图 7.31 所示。

坐标标注的操作步骤如下所述。

（1）单击菜单栏的"标注(N)"→"坐标(O)"，或单击坐标标注按钮 ，或在命令提示下输入"dimordinate"后回车。

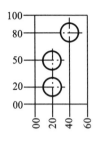

图 7.30 坐标标注样例

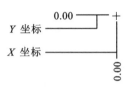

图 7.31 坐标标注

（2）如果需要直线坐标引线，请打开正交模式。

（3）在"选择功能位置"提示下，指定点位置。

（4）输入"X"或"Y"。

在确保坐标引线端点与 X 基准近似垂直或与 Y 基准近似水平的情况下，可以跳过此步骤。

（5）指定坐标引线端点。

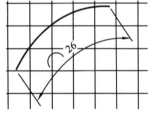

图 7.32 弧长标注

4. 弧长标注

弧长标注为圆弧标注长度尺寸，如图 7.32 所示。

启动命令的方法：单击"标注"工具栏上的 按钮，或单击菜单栏的"标注"→"弧长"命令，或执行"DIMARC"命令。

执行命令，AutoCAD 提示如下。

选择弧线段或多段线弧线段：（选择圆弧段）

指定弧长标注位置或 [多行文字（M）/文字（T）/角度（A）/部分（P）/引线（L）]：

根据需要响应即可。

5. 角度标注

角度标注用于标注角度尺寸。

启动命令的方法：单击"标注"工具栏上的角度按钮 ，或单击菜单栏的"标注"→"角度"命令，或执行"DIMANGULAR"命令。

执行命令，AutoCAD 提示如下。

选择圆弧、圆、直线或 ＜指定顶点＞：

其中："角度"选项用于标注圆弧的角度尺寸，如图 7.33 所示。

6. 半径标注

半径标注功能为圆或圆弧标注半径尺寸。

启动命令的方法：单击"标注"工具栏上的 按钮，或单击菜单

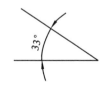

图 7.33 角度标注

栏的"标注"→"半径"命令，或执行"DIMRADIUS"命令。半径标准示例如图 7.34 所示。

执行命令，AutoCAD 提示如下。

选择圆弧或圆：（选择要标注半径的圆弧或圆）

指定尺寸线位置或[多行文字(M)/文字(T)/角度(A)]:

如果在该提示下直接确定尺寸线的位置,AutoCAD 将按实际测量值标注出圆或圆弧的半径,也可以通过"多行文字(M)""文字(T)"以及"角度(A)"选项确定尺寸文字的样式和尺寸文字的旋转角度。

根据需要响应即可。

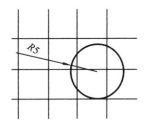

图 7.34 半径标注

7. 直径标注

直径标注功能用于圆或圆弧的直径尺寸标准。

启动方法:单击"标注"工具栏上的 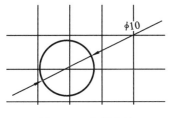 按钮,或单击菜单栏的"标注"→"直径"命令,或执行"DIMDIAMETER"命令。

启动命令后 AutoCAD 提示如下。

选择圆弧或圆:(选择要标注直径的圆弧或圆)

指定尺寸线位置或[多行文字(M)/文字(T)/角度(A)]:

如果在该提示下直接确定尺寸线的位置,AutoCAD 将按实际测量值标注出圆或圆弧的直径。也可以通过"多行文字(M)""文字(T)"以及"角度(A)"选项确定尺寸文字的样式和尺寸文字的旋转角度。如图 7.35 所示。

图 7.35 直径标注

8. 圆心标记

圆心标记功能用于圆或圆弧的圆心标记或中心线绘制。

启动方法:单击"标注"工具栏上的 ⊕ 按钮;单击菜单栏的"标注"→"圆心标记"命令;执行"DIMCENTER"命令。

启动命令后 AutoCAD 提示如下。

选择圆弧或圆:(在该提示下选择圆弧或圆即可)

圆心标记示例如图 7.36 所示。

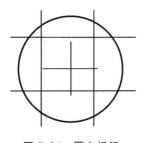

图 7.36 圆心标记

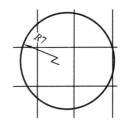

图 7.37 折弯标注

9. 折弯标注

折弯标注功能用于圆或圆弧的圆心点位于较远位置的标注,其示例如图 7.37 所示。

启动命令的方法:单击"标注"工具栏上的 ⤴ 按钮,或单击菜单栏的"标注"→"折弯"命令,或执行"DIMJOGGED"命令。

执行命令,AutoCAD 提示如下。

选择圆弧或圆:(选择要标注尺寸的圆弧或圆)

指定中心位置替代：（指定折弯标注的新中心点，以替代圆弧或圆的实际中心点）

指定尺寸线位置或［多行文字(M)/文字(T)/角度(A)］：（确定尺寸线的位置，或进行其他设置）

指定折弯位置：（指定折弯位置）

10. 连续标注

连续标注指在标注出的尺寸中，相邻两尺寸线共享同一条尺寸界线。

启动方法：单击"标注"工具栏上的 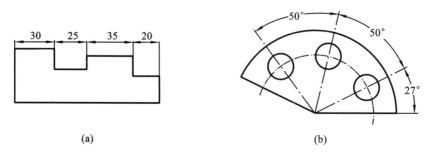 按钮，或单击菜单栏中的"标注"→"连续"命令，或执行"DIMCONTINUE"命令。

启动命令后 AutoCAD 提示如下。

指定第二条尺寸界线原点或［放弃(U)/选择(S)］＜选择＞：

（1）执行"指定第二条尺寸界线原点"选项。

确定下一个尺寸的第二条尺寸界线的起始点。用户响应后，AutoCAD 按连续标注方式标注出尺寸，即把上一个尺寸的第二条尺寸界线作为新尺寸标注的第一条尺寸界线进行尺寸标注，而后 AutoCAD 继续提示如下。

指定第二条尺寸界线原点或［放弃(U)/选择(S)］＜选择＞：

此时可再确定下一个尺寸的第二条尺寸界线的起点位置。当用此方式标注出全部尺寸后，在上述同样的提示下按"Enter"键或"Space"键结束命令。连续标注示例如图 7.38(a)所示。

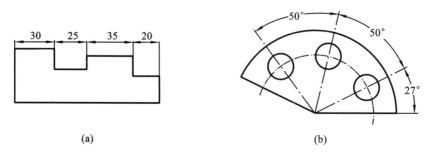

(a)   (b)

图 7.38 连续标注

（2）执行"选择(S)"选项。

该选项用于指定连续标注将从哪一个尺寸的尺寸界线引出。执行该选项后 AutoCAD 提示如下。

选择连续标注：

在该提示下选择尺寸界线。AutoCAD 将继续提示如下。

指定第二条尺寸界线原点或［放弃(U)/选择(S)］＜选择＞：

在该提示下标注出的下一个尺寸会以指定的尺寸界线作为其第一条尺寸界线。执行连续尺寸标注时，有时需要先执行"选择(S)"选项来指定引出连续尺寸的尺寸界线，如图 7.38(b)所示。

11. 基线标注

基线标注功能用于各尺寸线从同一条尺寸界线处引出的界线。

启动方法:单击"标注"工具栏上的 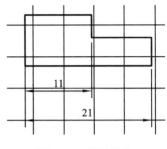 (基线)按钮;单击菜单栏中的"标注"→"基线"命令;执行"DIMBASELINE"命令。启动命令后 AutoCAD 提示如下。

指定第二条尺寸界线原点或[放弃(U)/选择(S)]<选择>:

(1) 执行"指定第二条尺寸界线原点"选项。

该选项要求确定下一个尺寸的第二条尺寸界线的起始点。确定后 AutoCAD 按基线标注方式标注出尺寸,而后继续提示如下。

指定第二条尺寸界线原点或[放弃(U)/选择(S)]<选择>:

此时可再确定下一个尺寸的第二条尺寸界线起点位置。用此方式标注出全部尺寸后,在同样的提示下按"Enter"键或"Space"键,结束命令的执行。基线标注示例如图 7.39 所示。

图 7.39 基线标注

(2) 执行"选择(S)"选项。

该选项用于指定基线标注时作为基线的尺寸界线。执行该选项,AutoCAD 提示如下。

选择基准标注:

在该提示下选择尺寸界线后,AutoCAD 继续提示如下。

指定第二条尺寸界线原点或[放弃(U)/选择(S)]<选择>:

在该提示下标注出的各尺寸均从指定的基线引出。执行基线尺寸标注时,有时需要先执行"选择(S)"选项来指定引出基线尺寸的尺寸界线。

12. 快速标注

创建系列基线或连续标注,或者为一系列圆或圆弧创建标注时,快速标注命令特别有用。

启动方法:单击"标注"工具栏上的 按钮,或单击菜单栏的"标注"→"快速标注"命令,或执行"QDIM"命令。

启动命令后 AutoCAD 提示如下。

指定尺寸线位置或[连续(C)并列(S)基线(B)坐标(O)半径(R)直径(D)基准点(P)编辑(E)设置(T)]

根据提示进行相应的操作。选择"连续"标注,标注示例如图 7.40 所示。

13. 尺寸公差与形位公差标注

1) 尺寸公差标注

AutoCAD 提供了多种标注尺寸公差的方法。例如,用户可以通过"公差格式"选项组确定公差的标注格式,如确定以何种方式标注公差以及设置尺寸公差的精度、设置上偏差和下偏差等。如图 7.41 所示。

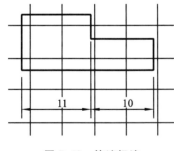

图 7.40 快速标注

实际上,标注尺寸时,可以方便地通过命令行输入的方式输入公差,示例结果如图 7.42 所示。

2) 形位公差标注

利用 AutoCAD,用户可以方便地为图形标注形位公差。用于标注形位公差的命令是 T,

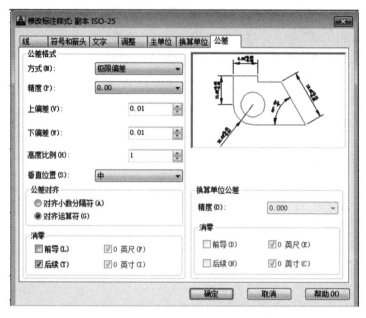

图 7.41 公差标注样式设置

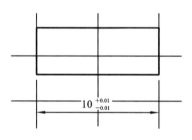

图 7.42 输入公差

利用"标注"工具栏上的 ⊞1 按钮或"标注"→"公差"命令可启动该命令。启动该命令后
AutoCAD 弹出"形位公差"对话框,如图 7.43 所示。

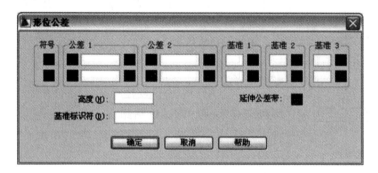

图 7.43 "形位公差"对话框

"符号"选项组用于确定形位公差的符号。单击其中的黑色方框,AutoCAD 弹出如图7.44
所示的"特征符号"对话框,用户可从该对话框选择所需要的符号。在"特征符号"对话框中单
击某一符号,AutoCAD 返回到"形位公差"对话框,并在对应位置显示出该符号。

图 7.44 "特征符号"对话框

"公差 1""公差 2"选项组用于确定公差。在对应的文本框中输入公差值;单击位于文本框前边的黑色方框确定是否在该公差值前加直径符号;单击位于文本框后边的黑色方框,可从弹出的"包容条件"对话框中确定包容条件。

"基准 1""基准 2""基准 3"选项组用于确定基准和对应的包容条件。

通过"形位公差"对话框确定要标注的内容后,单击对话框中的"确定"按钮,AutoCAD 切换到绘图屏幕,并提示如下。

输入公差位置:

在该提示下确定标注公差的位置即可。

14. 多重引线标注

利用多重引线标注,用户可以标注(标记)注释、说明等。

1) 多重引线样式

用户可以设置多重引线的样式。

单击"多重引线"工具栏上的 按钮,或执行"MLEADERSTYLE"命令,AutoCAD 会打开"多重引线样式管理器"对话框,如图 7.45 所示。

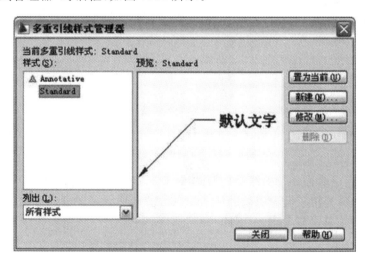

图 7.45 "多重引线样式管理器"对话框

该对话框中,"当前多重引线样式"处用于显示当前多重引线样式的名称。"样式"列表框用于列出已有的多重引线样式的名称。"列出"下拉列表框用于确定要在"样式"列表框中列出哪些多重引线样式。"预览"图像框用于预览在"样式"列表框中所选中的多重引线样式的标注效果。"置为当前"按钮用于将选中的多重引线样式设为当前样式。"新建"按钮用于创建新多重引线样式。单击"新建"按钮,AutoCAD 打开如图 7.46 所示的"创建新多重引线样式"对话框,用户可以通过对话框中的"新样式名"文本框指定新样式的名称,通过"基础样式"下拉列表框确定创建的新样式的基础样式。确定新样式的名称和相关设置后,单击"继续"按钮,AutoCAD 打开"修改多重引线样式"对话框,如图 7.47 所示。

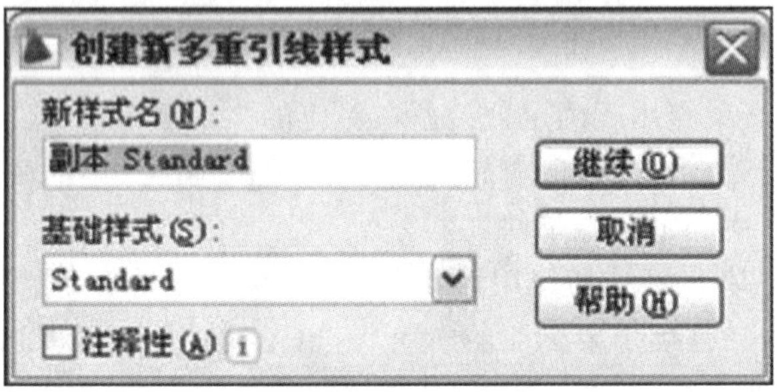

图 7.46 "创建新多重引线样式"对话框

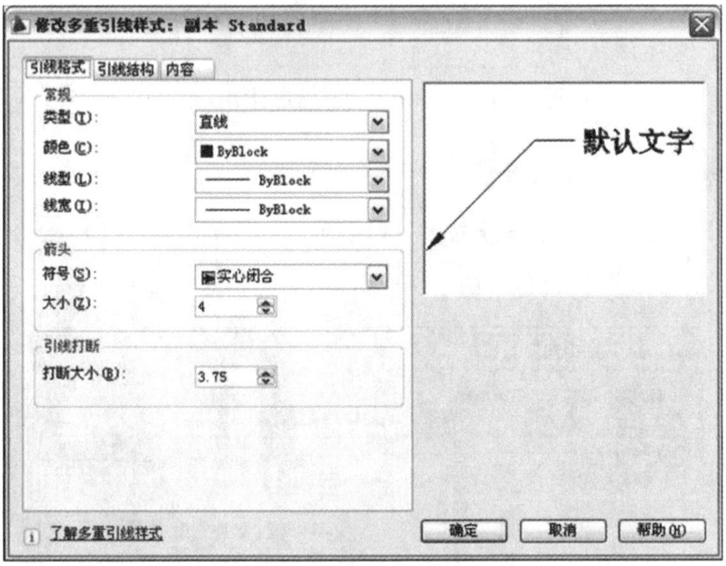

图 7.47 "引线格式"选项卡

该对话框中有"引线格式""引线结构"和"内容"3 个选项卡,下面分别介绍这些选项卡。

"引线格式"选项卡用于设置引线的格式。"常规"选项组用于设置引线的外观。"箭头"选项组用于设置箭头的样式与大小。"引线打断"选项用于设置引线打断时的距离值。预览框用于预览对应的引线样式。

"引线结构"选项卡用于设置引线的结构,如图 7.48 所示。"约束"选项组用于控制多重引线的结构。"基线设置"选项组用于设置多重引线中的基线。"比例"选项组用于设置多重引线标注的缩放关系。

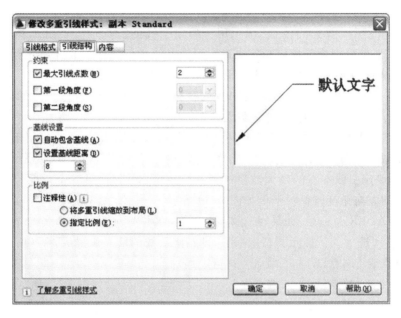

图 7.48 "引线结构"选项卡

"内容"选项卡用于设置多重引线标注的内容,如图 7.49 所示。"多重引线类型"下拉列表框用于设置多重引线标注的类型。"文字选项"选项组用于设置多重引线标注的文字内容。"引线连接"选项组一般用于设置标注的对象沿垂直方向相对于引线基线的位置。

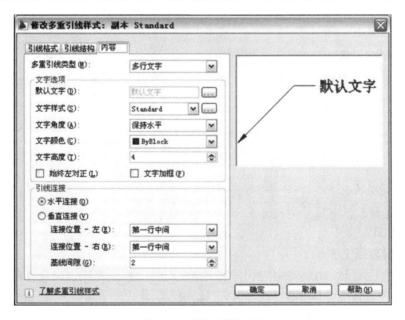

图 7.49 "内容"选项卡

2)多重引线标注

启动方法:单击"多重引线"工具栏上的 🔑 按钮,或执行"MLEADER"命令。

启动命令后 AutoCAD 提示如下。

指定引线箭头的位置或〔引线基线优先(L)/内容优先(C)/选项(O)〕＜选项＞:

提示中,"指定引线箭头的位置"选项用于确定引线的箭头位置;"引线基线优先(L)"和"内容优先(C)"选项分别用于确定是首先确定引线基线的位置还是首先确定标注内容,"选项(O)"选项用于多重引线标注的设置,执行该选项,AutoCAD 提示如下。

输入选项〔引线类型(L)/引线基线(A)/内容类型(C)/最大节点数(M)/第一个角度(F)/第二个角度(S)/退出选项(X)〕＜内容类型＞:

其中:"引线类型(L)"选项用于确定引线的类型;"引线基线(A)"选项用于确定是否使用基线;"内容类型(C)"选项用于确定多重引线标注的内容(多行文字、块或无);"最大节点数(M)"选项用于确定引线端点的最大数量;"第一个角度(F)"和"第二个角度(S)"选项用于确定前两段引线的方向角度。标注示例如图 7.50 所示。

执行 MLEADER 命令后,如果在"指定引线箭头的位置或〔引线基线优先(L)/内容优先(C)/选项(O)〕＜选项＞:"提示下指定一点,即指定引线的箭头位置后,AutoCAD 提示如下。

指定下一点或〔端点(E)〕＜端点＞:(指定点)
指定下一点或〔端点(E)〕＜端点＞:

在该提示下依次指定各点,然后按"Enter"键,AutoCAD 将弹出文字编辑器,如图 7.51 所示。

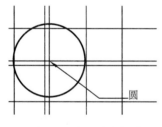

图 7.50 多重引线标注

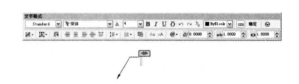

图 7.51 文字编辑器

通过文字编辑器输入对应的多行文字后,单击"文字格式"工具栏上的"确定"按钮,即可完成多重引线标注。

任务五 编 辑 尺 寸

1. 修改尺寸文字

该命令用于修改已有尺寸的尺寸文字。

执行"DDEDIT"命令后,AutoCAD 提示如下。

选择注释对象或〔放弃(U)〕:

在该提示下选择尺寸,AutoCAD 弹出"文字格式"工具栏,并将所选择尺寸的尺寸文字设置为编辑状态,用户可直接对其进行修改,如修改尺寸数字、修改或添加公差等,如图 7.52 所示。

2. 修改尺寸文字位置

该命令用于修改已标注尺寸的尺寸文字的位置。

启动方法:单击菜单栏的"标注"→"编辑文字标注"命令;执行"DIMTEDIT"命令。启动命令后 AutoCAD 提示如下。

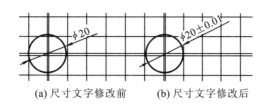

(a) 尺寸文字修改前　　　　(b) 尺寸文字修改后

图 7.52　修改尺寸文字

选择标注：（选择尺寸）

指定标注文字的新位置或 [左(L)/右(R)/中心(C)/默认(H)/角度(A)]：

提示中，"指定标注文字的新位置"选项用于确定尺寸文字的新位置，通过鼠标将尺寸文字拖动到新位置后单击拾取键即可；"左(L)"和"右(R)"选项仅对非角度标注起作用，它们分别决定尺寸文字是沿尺寸线左对齐还是右对齐；"中心(C)"选项可将尺寸文字放在尺寸线的中间；"默认(H)"选项将按默认位置和方向放置尺寸文字；"角度(A)"选项可以使尺寸文字旋转指定的角度。示例如图 7.53 所示。

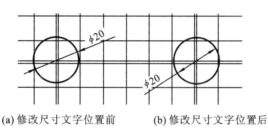

(a) 修改尺寸文字位置前　　　　(b) 修改尺寸文字位置后

图 7.53　修改尺寸文字位置

3. 用"DIMEDIT"命令编辑尺寸

"DIMEDIT"命令用于编辑已有尺寸。利用"标注"工具栏上的 按钮或执行"DIMEDIT"命令可启动该命令。

启动命令后 AutoCAD 提示如下。

输入标注编辑类型 [默认(H)/新建(N)/旋转(R)/倾斜(O)]<默认>：

其中，"默认(H)"选项会按默认位置和方向放置尺寸文字；"新建(N)"选项用于修改尺寸文字；"旋转(R)"选项可将尺寸文字旋转指定的角度；"倾斜(O)"选项可使非角度标注的尺寸界线旋转一角度。图 7.54 所示为旋转前后对比示例。

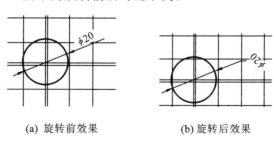

(a) 旋转前效果　　　　(b) 旋转后效果

图 7.54　旋转尺寸文字

4．翻转标注箭头

更改尺寸标注上箭头的方向的具体操作是：首先，选择要改变方向的箭头，然后右击，从弹出的快捷菜单中选择"翻转箭头"命令，即可实现尺寸箭头的翻转。

5．调整标注间距

该命令可以调整平行尺寸线之间的距离。

启动方法：单击"标注"工具栏中的 <kbd>圃</kbd> 按钮，或选择菜单栏的"标注"→"标注间距"命令。

启动命令后 AutoCAD 提示如下。

选择基准标注：（选择作为基准的尺寸）

选择要产生间距的标注：（依次选择要调整间距的尺寸）

选择要产生间距的标注：（按"Enter"键）

输入值或〔自动（A）〕＜自动＞：

输入距离值后按"Enter"键，AutoCAD 会调整各尺寸线的位置，使它们之间的距离值为指定的值，如图 7.55 所示。如果直接按"Enter"键，AutoCAD 会自动调整尺寸线的位置，如图 7.56 所示。

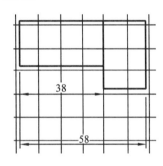

图 7.55 指定标注间距

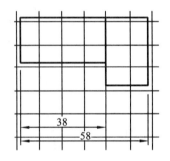

图 7.56 自动调整标注间距

6．折弯线性

该命令指将折弯符号添加到尺寸线中。

启动方法：单击"标注"工具栏中的 <kbd>折弯</kbd> 按钮；选择菜单栏的"标注"→"折弯线性"命令。

启动命令后 AutoCAD 提示如下。

选择要添加折弯的标注或〔删除（R）〕：（选择要添加折弯的标注。"删除（R）"选项用于删除已有的折弯符号）

指定折弯位置（或按 ENTER 键）：

通过拖动鼠标的方式确定折弯的位置，如图 7.57(b)所示。

7．打断标注

打断标注指在标注或延伸线与其他线重叠处打断标注或延伸线。

启动方法：单击"标注"工具栏中的 <kbd>打断</kbd> 按钮，或选择菜单栏的"标注"→"标注打断"命令。

启动命令后 AutoCAD 提示如下。

选择标注或〔多个（M）〕：（选择尺寸。可通过"多个（M）"选项选择多个尺寸）

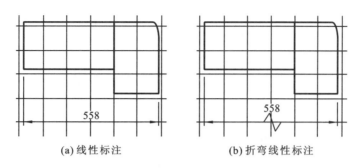

(a) 线性标注　　　　　(b) 折弯线性标注

图 7.57　线性标注与折弯线性标注对比

选择要打断标注的对象或［自动(A)/恢复(R)/手动(M)］＜自动＞：

根据提示操作即可。打断标注示例如图 7.58 所示。

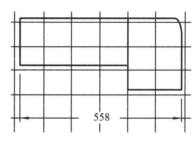

图 7.58　打断标注

任务六　参数化绘图

AutoCAD 具有参数化绘图功能。利用该功能,当改变图形的尺寸参数后,图形会自动发生相应的变化。

1. 几何约束

几何约束是在对象之间建立一定的约束关系。图 7.59 所示为"几何约束"工具栏。

图 7.59　"几何约束"工具栏

启动命令:GEOMCONSTRAINT。

执行"GEOMCONSTRAINT"命令,AutoCAD 提示如下。

输入约束类型

［水平(H)/竖直(V)/垂直(P)/平行(PA)/相切(T)/平滑 (SM)/重合(C)/同心(CON)/共线(COL)/对称(S)/相等(E)/ 固定(F)］＜平滑＞：

此提示要求用户指定约束的类型并建立约束。图 7.60 所示为平行(PA)约束示例。

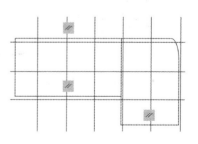

图 7.60　平行约束示例

其中:"水平"选项用于将指定的直线对象约束成与当前坐标系的 X 坐标平行;"竖直"选项用于将指定的直线对象约束成与当前坐标系的 Y 坐标平行;"垂直"选项用于将指定的一条直线约束成与另一条直线保持垂直关系;"平行"选项用于将指定的一条直线约束成与另一条直线保持平行关系;"相切"选项用于将指定的一个对象与另一条对象约束成相切关系,如图7.61 所示;"平滑"选项用于在共享同一端点的两条样条曲线之间建立平滑约束;"重合"选项用于使两个点或一个对象与一个点之间保持重合;"同心"选项用于使一个圆、圆弧或椭圆与另一个圆、圆弧或椭圆保持同心;"共线"选项用于使一条或多条直线段与另一条直线段保持共线,即位于同一直线上;"对称"选项用于约束直线段或圆弧上的两个点,使其以选定直线为对称轴彼此对称;"相等"选项用于使选择的圆弧或圆有相同的半径,或使选择的直线段有相同的长度;"固定"选项用于约束一个点或曲线,使其相对于坐标系固定在特定的位置和方向。

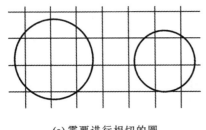

(a) 需要进行相切的圆　　　　　　(b)进行相切约束

图 7.61　相切约束

2. 标注约束

标注约束指约束同一对象上两个点或不同对象上两个点之间的距离。图 7.62 所示为"标注约束"工具栏。

图 7.62　"标注约束"工具栏

启动命令:DIMCONSTRAINT。

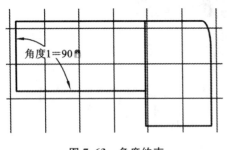

图 7.63　角度约束

执行"DIMCONSTRAINT"命令,AutoCAD 提示如下。

选择要转换的关联标注或[线性(LI)/水平(H)/竖直(V)/对齐(A)/角度(AN)/半径(R)/直径(D)/形式(F)]<对齐>

其中:"选择要转换的关联标注"选项用于将选择的关联标注转换成约束标注;"形式(F)"选项用于确定是建立注释性约束还是动态约束;其他各选项用于对相应的尺寸建立约束。图 7.63 所示为角度约束示例。

习题

1. 绘制图 7.64 并标注尺寸。

2. 绘制图 7.65 并标注尺寸。

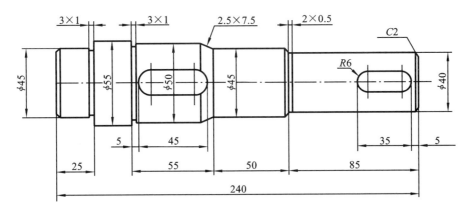

图 7.64　题 1 图

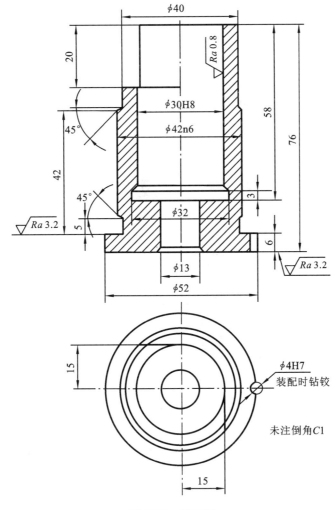

图 7.65　题 2 图

项目八　块　与　属　性

学习目标

（1）掌握图块的创建、插入和保存的方法；

（2）掌握动态块的创建和应用；

（3）掌握带属性块的创建、应用和编辑。

知识要点

块及其定义、插入块、编辑块、块的属性。

绘图技巧

在绘制图形时，如果图形中有大量相同或相似的内容，或者所绘制的图形与已有的图形文件相同，则可以把要重复绘制的图形创建成块（也称为图块），并根据需要为块创建属性，指定块的名称、附上用途及设计者等信息，在需要时直接插入创建好的块，从而提高绘图效率。

任务一　块及其定义

1. 块的基本概念

AutoCAD 中的图块（Block）是由多个对象组成的一个整体，可以随时将它作为一个独立的对象插入当前图形中的指定位置，插入时还可指定不同的比例系数和旋转角度。插入图形中的块可以被移动、删除、复制，还可以给它定义属性和填写不同的信息。另外，还可以将块分解为一个个的单独对象，并重新定义块。

组成块的各个对象可以有自己的图层、线型、颜色等特性。

使用块的优点为：便于建立图形库；节省磁盘空间；便于修改图形；便于携带属性信息。

2. 定义块

定义块就是将图形中选定的一个或多个对象组合成一个整体后为其命名保存，并在以后使用过程中将它视为一个独立、完整的对象进行调用和编辑。

启动创建块命令的方法：在命令行输入"B"后回车，或单击菜单栏中的"绘图"→"块"→"创建"命令，或单击工具栏图标 。

执行命令后，系统打开"块定义"对话框，如图 8.1 所示。

1）"块定义"对话框选项说明

"名称"下拉列表框：此框用于输入图块名称，下拉列表框中还列出了图形中已经定义过的图块名。

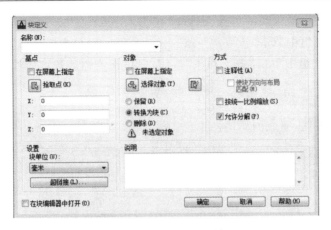

图 8.1 "块定义"对话框

（1）"基点"选项组：该区域用于指定图块的插入基点。用户可以通过"拾取点"按钮或输入坐标值确定图块插入基点。

"拾取点"按钮：单击该按钮，"块定义"对话框暂时消失，此时需用户使用鼠标在屏幕上拾取所需点作为图块插入基点，拾取基点结束后，返回到"块定义"对话框，X、Y、Z 文本框中将显示该基点的 X、Y、Z 坐标值。

X、Y、Z 文本框：在该区域的 X、Y、Z 编辑框中分别输入所需基点的相应坐标值，以确定图块插入基点的位置。

（2）"对象"选项组：该区域用于确定图块的组成对象。其中各选项功能如下所述。

"选择对象"按钮：单击该按钮，"块定义"对话框暂时消失，此时用户需在屏幕上用任一目标选取方式选取块的组成对象，对象选取结束后，系统自动返回对话框。

"保留"选项：点选此单选项后，所选取的对象生成块仍保持原状，即在图形中以原来的独立对象形式保留。

"转换为块"选项：点选此单选项后，所选取的对象生成块在原图形中也转变成块，即在原图形中所选对象将具有整体性，不能用普通命令对其组成元素进行编辑。

（3）"设置"选项组。

"删除"单选项：点选此单选项后，所选取的对象生成块将在图形中消失。

"块单位"下拉列表框：设置当用户从 AutoCAD 设计中心拖放图块到图上时的插入比例单位。

超链接：打开"插入超链接"对话框，可用它将超链接与块定义关联。

（4）"说明"框：用户可在其中输入与所定义图块有关的描述性文字。

2）创建内部图块示例

下面以图 8.2 为例创建内部块，其操作步骤如下。

① 用 AutoCAD 绘制如图 8.2 所示的螺钉（具体尺寸可查有关手册）。

② 单击绘图工具栏上的 按钮，弹出如图 8.3 所示的"块定义"对话框。

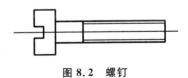

图 8.2 螺钉

③ 在名称文本框中输入块的名称:螺钉。

④ 在"基点"选项组中单击"拾取点"按钮,然后在绘图区单击一点作为基点。

⑤ 在"对象"选项组中单击"选择对象"按钮,然后在绘图区选取所绘制的螺钉,回车返回对话框。

⑥ 其他各项中的设置如图 8.3 所示。

⑦ 单击"确定"按钮,完成创建块操作。

图 8.3 "块定义"对话框中的各项设置

3. 定义外部块

前面定义的图块,只能在当前图形文件中使用,如果需要在其他图形中使用已经定义的图块,如标题栏、图框以及一些通用的图形对象等,可以将图块以图形文件形式保存下来。这时,它就和一般图形文件没有区别,可以被打开、编辑,也可以以图块形式方便地插入其他图形文件中。"保存图块"也就是我们通常所说的"写块"。

启动命令的方法:在命令行输入"WBLOCK"后回车。

执行命令后,系统打开"写块"对话框,如图 8.4 所示。

"写块"对话框的选项说明如下所述。

(1)源:该区域用于定义写入外部块的源实体。它包括如下内容。

"块"下拉列表框:该单选项用于指定写入外部块的内部块名称,可在其后的输入框中输入块名,或在下拉列表框中选择需要写入的内部图块的名称。

"整个图形"选项:该单选项用于指定将整个图形写入外部块文件。该方式生成的外部块的插入基点为坐标原点(0,0,0)。

"对象"选项:该单选项用于将用户选取的实体写入外部块文件。

(2)"基点"选项组:该区域用于指定图块插入基点,该区域只在对象为源实体时有效。

(3)"对象"选项组:该区域用于指定组成外部块的实体,以及生成块后源实体是保留、消除或是转换成图块。该区域只在对象为源实体时有效。

(4)"目标"选项组:该区域用于指定外部块文件的文件名、储存位置以及采用的单位制。

图 8.4　"写块"对话框

"文件名和路径"下拉列表框：用于输入或选择图块文件的名称、保存位置。单击右侧的

按钮，弹出"浏览图形文件"对话框，即可指定图块的保存位置，并指定图块的名称。

任务二　插　入　块

当块保存在所指定的位置后，即可在其他文件中使用该图块了。图块的重复使用是通过插入图块的方式实现的。

启动命令的方法：在命令行输入"I"，或单击菜单栏中的"插入"→"块"命令，或单击工具栏图标 ┅。

执行命令后，系统打开"插入"对话框，如图 8.5 所示。

"插入"对话框选项说明如下。

"名称"下拉列表框：用于输入或选择已有的图块名称。如果没有内部块，则是空白。也可单击"浏览"按钮，在打开的"选择图形文件"对话框中选择需要的外部图块。

"插入点"选项组：用于确定块在图形中的插入点。当勾选"在屏幕上指定"后，X、Y、Z 三项呈灰色，不能用。

"比例"选项组：用于确定图块在 X 轴、Y 轴、Z 轴方向上缩放的比例因子。这三个比例因子可相同，也可不同。当勾选"在屏幕上指定"后，X、Y、Z 三项呈灰色，不能用。缺省值为 1。

"旋转"选项组：用于确定图块在插入时的旋转角度。当勾选"在屏幕上指定"后，此项呈灰色，不能用。

图 8.5 "插入"对话框

"分解"勾选框：用于指定是否在插入图块时将其分解，使它恢复到元素的原始状态。分解图块时，仅仅是被分解的图块引用体受影响，图块的原始定义仍保存在图形中，仍能在图形中插入图块的其他副本。如果分解的图块包括属性，则属性会丢失，但原始定义的图块的属性仍保留。分解图块使图块元素返回到它们的下一级状态。

"统一比例"勾选框：用于统一三个轴向上的缩放比例。选用此项，Y、Z 框呈灰色，在 X 框输入的比例因子在 Y、Z 框中同时显示。

单击"确定"按钮，完成插入图块的操作。

任务三　编　辑　图　块

1. 分解图块

当在图形中使用块时，AutoCAD 将块作为单个的对象处理，只能对整个块进行编辑。如果用户需要编辑组成块的某个对象时，需要将块的组成对象分解为单一个体。

将图块分解，有以下几种方法。

① 插入图块时，在"插入"对话框中，选择"分解"复选框，再单击"确定"按钮，插入的图形仍保持原来的形式，但可以对其中某个对象进行修改。

② 插入图块对象后，使用"分解"命令，单击工具栏中的 ⬛ 按钮，将图块分解为多个对象。分解后的对象将还原为原始的图层属性设置状态。如果分解带有属性的块，属性值将丢失，并重新显示其属性定义。

2. 编辑内部图块

其操作步骤如下：

① 从"修改"菜单中选择"分解"命令；

② 选择需要的图块；

③ 编辑图块；

④ 从菜单栏中选取"绘图"→"块"→"创建"命令；

⑤ 在"块定义"对话框中重新定义块的名称；

⑥ 单击"确定"按钮,结束编辑操作。

执行结果是当前图形中所有插入的该图块都自动修改为新图块。

3．编辑外部图块

外部图块是一个独立的图形文件,可以使用"打开"命令将其打开,修改后再保存。

任务四 属 性

属性是从属于块的非图形信息,它是块的一个组成部分。实际上,也可以说属性是块中的文本实体,即块可以认为是：块＝若干实体＋属性。

属性从属于块,它与块组成一个整体。当用"ERASE"命令擦去块时,包括在块中的属性也会被擦去。

当用"CHANGE"命令改变块的位置或转角时,它的属性也随之移动或转动。

1．定义属性

在 AutoCAD 中,我们经常使用对话框方式来定义属性。

启动命令的方法：在命令行输入"ATTDEF"后回车,或单击菜单栏中的"绘图"→"块"→"定义属性"命令。

执行命令后,系统打开"属性定义"对话框,如图 8.6 所示。

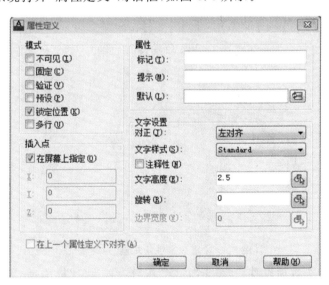

图 8.6 "属性定义"对话框

"属性定义"对话框选项说明如下。

（1）"模式"选项组：用于设置属性模式。

"不可见"勾选框：用于确定属性值在绘图区中是否可见。

"固定"勾选框：用于确定属性值是否是常量。

"验证"勾选框：若勾选该框，则插入图块时 AutoCAD 对用户所输入的值将再次给出校验提示；反之，AutoCAD 将不会对用户所输入的值提出校验要求。

"预设"勾选框：若选择该框，则要求用户为属性指定一个初始缺省值；反之，则表示 AutoCAD 将不预设初始缺省值。

"锁定位置"勾选框：用于锁定属性定义在图块中的位置。

"多行"勾选框：用于设置为多行文字的属性。

（2）"属性"选项组。

该选项组用于设置属性参数，包括"标记""提示"和"默认"3 项。定义属性时，AutoCAD 要求用户在"标记"文本框中输入属性标志。在"默认"文本框中输入初始缺省属性值。

（3）"插入点"选项组：该选项组确定属性文本插入点。单击"拾取点"按钮，用户可在绘图区内用鼠标选择一点作为属性文本的插入点，然后返回对话框。也可直接在 X、Y、Z 文本框中输入插入点坐标值。

（4）"文字设置"选项组：确定属性文本的选项。该选项组各项的使用与单行文本的命令相同。

（5）"在上一个属性定义下对齐"勾选框：选择该框，表示当前属性将继承上一属性的部分参数，此时"插入点"和"文字设置"选项组失效，呈灰色显示。

2. 修改属性定义

当用户将属性定义好后，有时可能需要更改属性名、提示内容或缺省文本，这时可用相应的命令加以修改。

启动命令的方法：在命令行输入"Ddedit"后回车，或单击菜单栏中的"修改"→"对象"→"属性"→"单个"命令。

执行命令后，系统打开"增强属性编辑器"对话框，如图 8.7 所示。

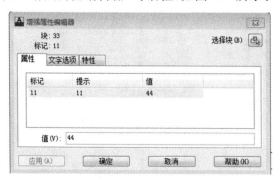

图 8.7 "增强属性编辑器"对话框

根据需要进行相关选项设置后，单击"确定"按钮，系统再次提示：

选择块：（按"Enter"键，结束命令）

"增强属性编辑器"对话框选项说明如下。

"属性"选项卡：其列表框显示了图块中每个属性的"标记""提示"和"值"。在列表框中选择某一属性后，在"值"文本框中将显示出该属性对应的属性值，用户可以修改属性值。

"文字选项"选项卡用于修改属性文字的格式。

"特性"选项卡用于修改属性文字的图层以及线条的线宽、线型、颜色等。

"选择块"按钮用于切换到绘图区并选择要编辑的图块。

"应用"按钮用于确认已进行的修改。

3. 属性显示控制

启动命令的方法:在命令行输入"ATTDISP"后回车;单击菜单栏中的"视图"→"显示"→"属性显示"命令。

执行命令后,AutoCAD 提示如下。

输入属性的可见性设置〔普通(N)/开(ON)/关(OFF)〕＜普通＞:(选择选项,并按"Enter"键)

其中,"普通(N)"选项表示将按定义属性时规定的可见性模式显示各属性值;"开(ON)"选项将会显示出所有属性值,与定义属性时规定的属性可见性无关;"关(OFF)"选项则不显示所有属性值,与定义属性时规定的属性可见性无关。

4. 利用对话框编辑属性

启动命令的方法:在命令行输入"EATTEDIT"后回车。

执行命令后,AutoCAD 提示如下。

选择块:(选择要编辑的块)

在此提示下选择块后,AutoCAD 弹出"增强属性编辑器"对话框,用户可根据需要进行相关修改,然后单击"确定"按钮完成操作。

习题

一、思考题

1. 什么是块?它的主要作用是什么?

2. 创建一个块的操作步骤是什么?

3. 什么是块的属性?如何创建带属性的块?

二、练习题

1. 绘制如图 8.8 所示标题栏,并按表 8.1 的属性项目内容创建属性,然后在标题栏中填写相应的属性信息(姓名、比例、材料名自定)。

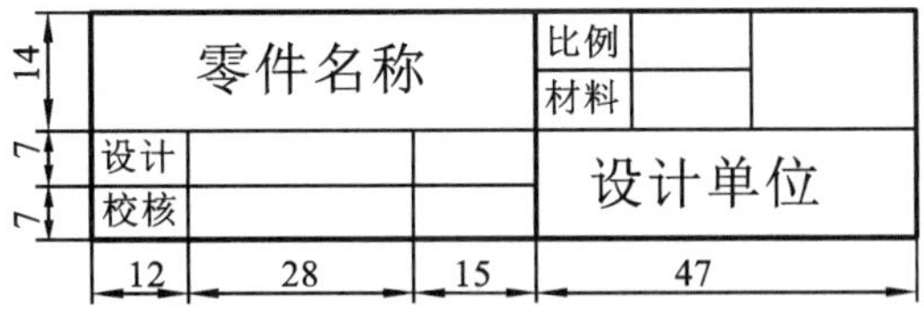

图 8.8　标题栏

表 8.1　标题属性项目包含的内容

项　　　目	属性标记名	属性提示	属　性　值
属性 1	设计	设计人员姓名	填写姓名
属性 2	校核	校核人员姓名	填写姓名
属性 3	比例	绘图比例	填写比例
属性 4	材料	零件材料	填写材料名

项目九　图 形 输 出

学习目标

了解输出工程图的过程。

知识要点

与打印有关的术语、页面的设置、打印样式。

绘图技巧

打印图样前要恰当设置打印功能。

任务一　打印设备的配置

1. 打印有关术语和概念

了解与打印有关的术语和概念有助于用户高效率地打印图样。

1）绘图仪管理器

绘图仪管理器是一个窗口，其中列出了用户安装的所有非系统打印机的绘图仪配置文件。如果希望与 Windows 使用不同的默认特性，也可以为 Windows 系统打印机创建绘图仪配置文件。绘图仪配置文件指定端口信息、光栅图形和矢量图形的质量、图纸尺寸以及绘图仪类型的自定义特性。

绘图仪管理器包含添加绘图仪向导，此向导是创建绘图仪配置文件的主要工具。添加绘图仪向导会提示用户输入有关要安装的绘图仪的信息。

2）布局

布局代表打印的页面。用户可以根据需要创建任意数量的布局。每个布局都保存在自己的"布局"选项卡中，可以与不同的页面设置关联。

打印页面上出现的元素（例如标题栏和注释）是在布局窗口中绘制的。图形中的对象是在"模型"选项卡上的模型空间创建的，要在布局窗口中查看这些对象需要先创建布局窗口，图9.1 所示为布局窗口。

3）布局初始化

布局初始化是通过单击之前未使用过的"布局"选项卡来激活该布局的过程。

初始化之前，布局中不包含任何打印设置。初始化完成后，可对布局进行绘制、发布以及将布局作为图纸添加到图纸集中（在保存图形后）等操作。

4）页面设置

创建布局时，需要指定绘图仪和进行设置（例如页面尺寸和打印方向），这些设置保存在页

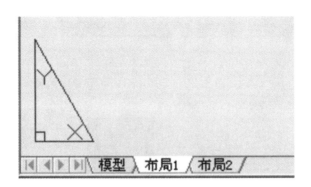

图 9.1 布局窗口

面设置中。使用如图 9.2 所示的"页面设置管理器"对话框,可以控制布局和设置"模型"选项卡,也可以命名并保存页面设置,以便在其他布局中使用。

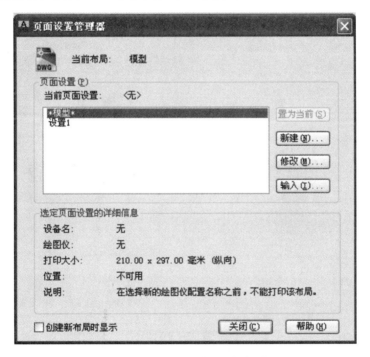

图 9.2 "页面设置管理器"对话框

如果创建布局时未在图 9.3 所示"页面设置-模型"对话框中指定所有设置,则可以在打印之前设置页面或者在打印时替换页面设置。可以对当前打印任务临时使用新的页面设置,也可以保存新的页面设置。

5)打印样式

打印样式通过确定打印特性(例如线宽、颜色和填充样式)来控制对象或布局的打印方式。打印样式表中收集了多组打印样式。"打印样式表编辑器"对话框包含"常规""表视图""表格视图"3 个选项卡,如图 9.4、图 9.5、图 9.6 所示。

打印样式表有两种类型:颜色相关和命名。一个图形只能使用一种类型的打印样式表。用户可以在两种打印样式表之间转换,也可以在设置了图形的打印样式表类型之后修改所设

图 9.3 "页面设置-模型"对话框

图 9.4 "打印样式表编辑器"之"常规"选项卡

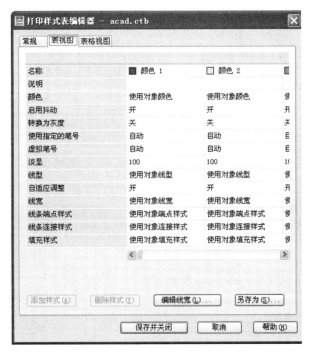

图 9.5 "表视图"选项卡

图 9.6 "表格视图"选项卡

置的类型。

对于颜色相关打印样式表,对象的颜色决定如何对其进行打印。这些打印样式表文件的扩展名为"ctb",不能直接为对象指定相关打印颜色,要控制对象的打印颜色,必须先修改对象的颜色。例如,图形中所有被指定为红色的对象均以相同的方式打印。

命名打印样式表直接指定对象和图层的打印样式,这些打印样式表文件的扩展名为"stb"。使用这些打印样式表可以使图形中的每个对象以不同颜色打印,与对象本身的颜色无关。

2. 设置打印机或绘图仪

绘图仪配置编辑器对话框包含"常规""端口""设备和文档设置"3 个选项卡,分别如图9.7、图9.8、图 9.9 所示。

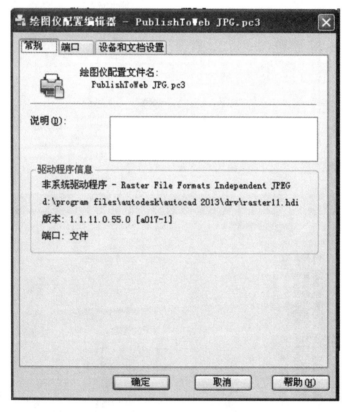

图 9.7 "绘图仪配置编辑器"之"常规"选项卡

AutoCAD 在"打印"和"页面设置"对话框中列出了针对 Windows 配置的打印机或绘图仪。除非 AutoCAD 的默认值与 Windows 的值不同,否则无须使用系统打印机驱动程序来配置这些设备。

非系统设备称为绘图仪,Windows 系统设备称为打印机。

如果 AutoCAD 支持绘图仪而 Windows 不支持,则可以使用某个 HDI 非系统打印机驱动程序,也可以使用非系统驱动程序创建 PostScript、光栅、Web 图形格式(DWF)文件和可移植文档格式(PDF)文件,以实现打印。

必须使用非默认设置配置本地或网络上的非系统绘图仪和 Windows 系统打印机。如果

图 9.8 "端口"选项卡

图 9.9 "设备和文档设置"选项卡

只修改图纸尺寸,则无须配置系统打印机。

打印配置可以在办公室或工程组中共享(前提是相同的驱动器、型号和驱动程序版本)。Windows 系统打印机共享的打印配置也需要相同的 Windows 版本。如果校准一台绘图仪,且校准信息存储在打印模型参数(PMP)文件中,则此文件可附加到任何为校准绘图仪而创建的打印文件中。

可以为相同绘图仪创建多个具有不同输出选项的打印文件。创建打印文件后,该文件将显示在"打印"对话框的绘图仪配置名称列表中。

要创建这些打印文件,请使用 Autodesk 绘图仪管理器中的添加绘图仪向导。绘图仪管理器是一个 Windows 资源管理器窗口。添加绘图仪向导与 Windows 的添加打印机向导类似。使用添加绘图仪向导,用户可以指定配置的是非系统的本地或网络绘图仪,还是系统打印机,也可创建任意数量的绘图仪设备配置,这些配置使用 Windows 系统打印机驱动程序或 Autodesk 非系统打印机驱动程序。配置信息存储在用户配置中。

有多种方法可用于修改 Windows 系统打印机的默认设置且无须创建打印文件。例如,可以从"控制面板"中修改全系统特性,也可以通过"打印"对话框中的"特性"选项,进行打印设置但不保存特性。

如果要升级驱动程序,请尝试使用现有的打印文件。如果现有的打印文件不起作用,则需要创建新的打印文件。许多情况下,可以从旧的打印文件中将一些设置复制和粘贴到新驱动程序创建的新打印文件中。

3. 设置打印样式表

为新图形设置打印样式表类型的步骤如下:

(1) 在命令行输入"OPTIONS"后回车。

(2) 在"选项"对话框的"打印和发布"选项卡上,点击"打印样式表设置"按钮,如图 9.10 所示。

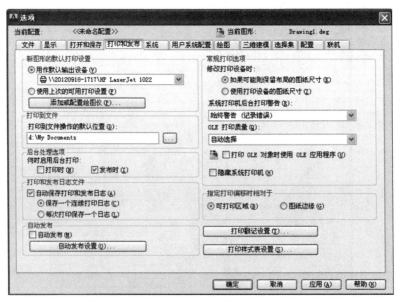

图 9.10 "打印和发布"选项卡

（3）在弹出的如图9.11所示的"打印样式表设置"对话框中,选择"使用颜色相关打印样式"或"使用命名打印样式"。

（4）在"默认打印样式表"框中选择默认打印样式表。

（5）如果选定"使用命名打印样式",则须指定图层0默认打印样式和对象的默认打印样式。

（6）单击"确定"按钮。

注意: 设置新图形的打印样式表类型不会影响现有图形。

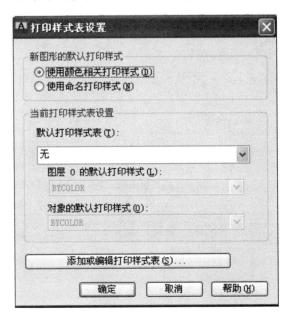

图 9.11 "打印样式表设置"对话框

任务二　图　形　输　出

1. 页面设置

页面设置是打印设备设置和其他影响最终输出的外观和格式的设置的集合。可以修改这些设置并将其应用到其他布局中。

如果希望每次创建新的图形布局时都显示页面设置管理器,可以在"选项"对话框的"显示"选项卡中勾选"新建布局时显示页面设置管理器"选项。如果不需要为每个新布局都自动创建视口,可以在"选项"对话框的"显示"选项卡中取消勾选"在新布局中创建视口"选项。"显示"选项卡如图9.12所示。

2. 输出图形

AutoCAD是一个功能强大的绘图软件,所绘制的图形被广泛地应用在许多领域。这就需要根据不同的用途以不同的格式输出图形。图9.13所示为图形输出格式。

1) 将AutoCAD图形输出为图像文件

AutoCAD可以将绘制好的图形输出为通用的图像文件,方法很简单,选择"文件"菜单中的"输出"命令,或直接在命令区输入"export"命令,系统将弹出"输出数据"对话框,在"文件类

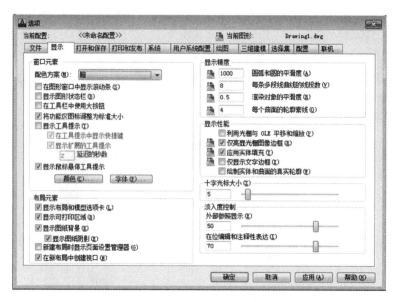

图 9.12 "显示"选项卡

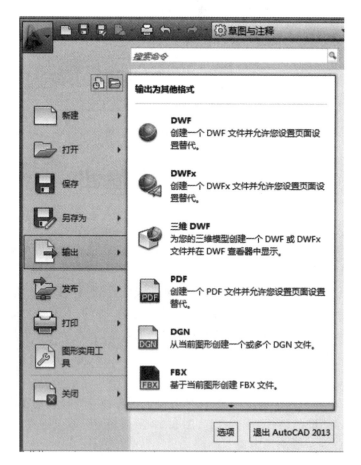

图 9.13 图形输出格式

型"下拉列表中选择"＊.bmp"格式，单击"保存"，再用鼠标依次选中或框选出要输出的图形后回车，则被选图形便被输出为 bmp 格式的图像文件，如图 9.14 所示。

图 9.14　设置输出数据文件类型

（1）输出图像的清晰度。

AutoCAD 在输出图像时，输出结果通常以屏幕显示为标准。输出图像的图幅与 AutoCAD 图形窗口的尺寸相等，图形窗口中的图形按屏幕显示尺寸输出，输出结果与图形的实际尺寸无关。另外，屏幕中未显示部分无法输出。因此为了使输出图像能清晰显示，应在屏幕中将欲输出部分以尽量大的比例显示。

AutoCAD 中图形显示比例较大时，圆和圆弧看起来像由折线段组成，这虽然不影响打印结果，但在输出图像时，输出结果将与屏幕显示完全一致，因此，若发现有圆或圆弧显示为折线段时，应在输出图像前使用"VIEWRES"命令，使圆和圆弧看起来尽量光滑逼真。

AutoCAD 中输出的图像文件，其分辨率为屏幕分辨率。如果该文件用于其他程序仅供屏幕显示，则此分辨率已经合适。若最终要打印出来，就要在图像处理软件（如 Photoshop）中将图像的分辨率提高，一般设置为 300 dpi 即可。

（2）输出图像的背景。

输出图像的颜色通常与屏幕显示完全相同，而 AutoCAD 操作界面中的黑底白字效果，这可能与我们所需要的效果不符。这时可以使用"工具"菜单下的"选项"命令，在弹出的"选项"对话框中，选择"显示"选项卡，单击"窗口元素"选项组的"颜色"按钮（见图 9.15），再在弹出的"颜色选项"窗口中，直接点击"颜色"中的白色或其他颜色后按两次"Enter"键，窗口背景颜色即发生变化。输出图像的颜色与实际绘图颜色完全一致。"图形窗口颜色"对话框如图 9.16 所示。

2）将 AutoCAD 图形输出为非 1∶1 图形

我们在 AutoCAD 中绘制完图形后，一般需要将图形输出到绘图仪或打印机，而大部分的图纸比例都是非 1∶1 的。不同行业使用的绘图比例不同，如机械工程中常用的比例有 1∶1、1∶2、1∶5、1∶10 等；建筑工程中常使用的比例大一些，可从 1∶10 到 1∶100，甚至更大。"打印比例自定义"对话框如图 9.17 所示。

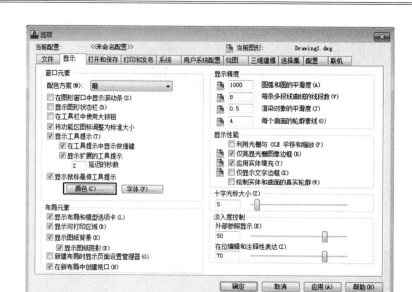

图 9.15　单击"颜色"按钮

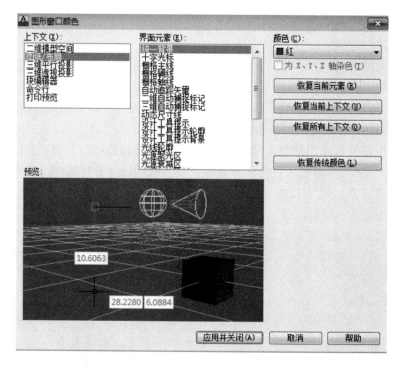

图 9.16　"图形窗口颜色"对话框

在 AutoCAD 中,虽然可以不必先知道图纸尺寸也可以绘制图形,但最好还是在绘制图形之前知道图纸的输出尺寸,这样就可以确定绘图比例、尺寸比例、文本大小、填充图案比例和线型比例。不过 AutoCAD 使用方便,在绘图之前和绘图之后,都可以改变所有的设置。

在 AutoCAD 中,有模型空间和图纸空间之分,在不同的空间下,输出非 1∶1 图形的方法也是不一样的。下面分别说明在不同空间中输出非 1∶1 图形的方法。

（1）在模型空间中输出非 1∶1 图形的方法。

方法一：在模型空间中设计绘制完图形后，依据所输出图的图纸尺寸计算出绘图比例，用 Scale 比例缩放命令将所绘图形按绘图比例整体缩放。在"文件"菜单中选择"打印"命令，AutoCAD 打开"打印"对话框，在"打印设置"选项卡中，设置图纸尺寸、打印范围、图纸方向，在"打印比例"选项组中，将比例设为 1∶1，按"确定"按钮输出图形。这种方法的缺点是当图形进行缩放时，所标注的尺寸值也会跟着相应变化，在出图前还必须对尺寸标注样式中的线性比例进行调整，很不方便。

图 9.17　"打印比例"对话框

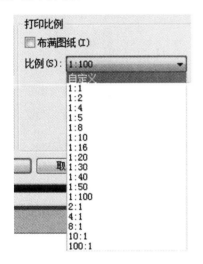

图 9.18　"打印比例"选项组

方法二：在模型空间中设计绘制完图形后，依据所输出图的图纸尺寸计算出绘图比例。在"文件"菜单中选择"打印"命令，在"打印"对话框"打印设置"选项卡中，设置图纸尺寸、打印范围、图纸方向，在"打印比例"选项组中，选择"自定义"选项，将比例设置成计算好的绘图比例（如 1∶10 或 2∶1 等）；或者选择"按图纸空间缩放"选项，绘图比例将自动设置成最佳比例，以适应所选择的图纸尺寸，最后按"确定"按钮输出图形。这种方法的优点是使用了实际的尺寸，这样方便于以后的修改和管理，在打印图形时，可以指定精确比例。"打印比例"选项组如图 9.18 所示。

（2）在图纸空间中输出非 1∶1 图形的方法。

方法一：在模型空间中设计绘制完图形后，创建布局并在布局中进行页面设置，在"打印设备"选项卡中，选定打印设备和打印样式表，在"布局设置"选项卡中，设置图纸尺寸、打印范围、图纸方向，在"打印比例"选项组中，将比例设置为 1∶1，按"确定"按钮输出图形。

方法二：在图纸空间创建浮动视口，利用对象特性设置视口的标准比例（如 1∶10 或 2∶1 等），每个视口中都有自己独立的视口标准比例，这样就可以在一张图纸上用不同的比例因子生成许多视口，从而不必复制该几何图形或对其缩放便可使用相同的几何图形，按"确定"按钮输出图形。

（3）将 AutoCAD 图形输出到网页。

由于 Internet 的日益广泛使用，利用 Internet 进行设计和交流成为发展的趋势，但是，如果想给别人看一看自己设计的图形，而对方又没有安装 AutoCAD，或者不会使用 AutoCAD，那就要另存为 DWF 文件格式，如图 9.19 所示。

AutoCAD 的 ePlot 图形输出功能可生成 DWF 格式文件，这是一种"电子图形文件"，能在 Internet 上发表。DWF 格式文件用浏览器可以打开、查看和打印，并支持实时平移和缩放，支持图层、命名视图和嵌入超级链接的显示。但是 DWF 格式文件不能直接转化成可以利用的 DWG 格式文件，也没有图形修改的功能，但在某种程度上保证了设计数据的安全。

DWF 格式文件是压缩的矢量数据格式，打开与传输的速度比 DWG 格式文件快，查看

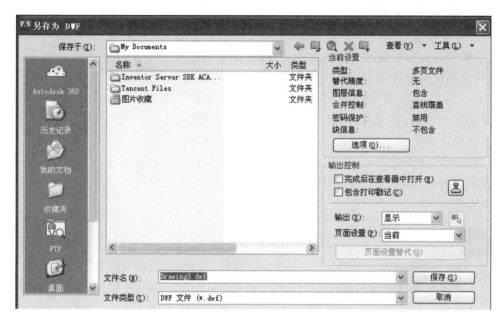

图 9.19 另存为 DWF 文件格式

DWF 格式文件的软件界面简单易用,不懂 AutoCAD 使用技术也能很容易地查看 DWF 格式文件中的图样。

要将图形输出为 DWF 格式,首先要打开需要输出的 AutoCAD 图形文件,在"文件"菜单中选择"打印"命令,打开"打印"对话框,在"打印设备"标签的"打印配置"栏目中选定"DWF ePlot. pc3"方式。如果有必要,还可以点击"特性"按钮,细致地设置 DWF 格式文件的有关参数。在"打印到文件"栏目中输入文件名和文件位置描述。文件位置可以是本地文件夹、局域网上的文件夹或者 Internet 上的 URL。在"打印设置"标签里可设置绘图输出的一般选项参数。DWF 格式文件作为设计结果发布的手段,没有必要硬性设定输出比例,在确定了图纸大小之后,将打印比例设置成"按图纸空间缩放"就能满足一般的要求了。预览确认之后,就可以输出了。

3. 窗口打印

打印布局时,将打印指定图纸的可打印区域内的所有内容,其原点由布局中的(0,0)点计算得出。选择打印"模型"选项时,将打印栅格界限所定义的整个绘图区域。如果当前视口不显示平面视图,则该选项与"范围"选项效果相同。

4. 范围打印

"打印范围"对话框各选项说明如下所述。

范围:打印当前空间内的所有几何图形。打印之前,可能会重新生成图形以重新计算范围。"打印范围"对话框如图 9.20 所示。

显示:打印"模型"选项卡中当前视口中的视图或"布局"选项卡中的当前图纸空间视图。

图形界限:打印以前使用"VIEW"命令保存的视图。可以从提供的列表中选择视图。如果图形中没有已保存的视图,此选项不可用。

窗口:打印指定的图形的任何部分。单击"窗口"按钮,使用定点设备指定打印区域的对角

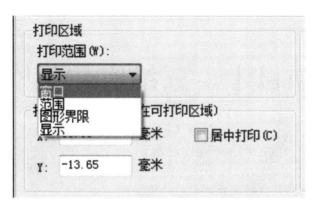

图 9.20　"打印范围"对话框

线或输入坐标值。

习题

1．设置某种打印机参数。

2．打印预览有何作用？

3．如何让多个视图显示在同一个窗口里？

4．AutoCAD 如何布局打印？

5．AutoCAD 如何按比例打印输出，需要设置哪些参数？

项目十　三维实体建模

学习目标

掌握将二维平面图创建成模型并渲染的操作方法。

知识要点

线架模型方式、曲面模型方式和实体模型方式；实体建模的常用绘图命令和编辑命令。

绘图技巧

将二维平面图分别复制、粘贴到相对应的视图位置，再在其基础上建模，可节省重复绘制平面图的步骤，提高绘图效率。

任务一　三维坐标系

AutoCAD中三维操作有两种坐标系，即世界坐标系和用户坐标系。

1. 世界坐标系

三维世界坐标系是在二维世界坐标系的基础上根据右手定则增加 Z 轴而形成的。同二维世界坐标系一样，三维世界坐标系是其他三维坐标系的基础，不能对其重新定义。世界坐标系如图 10.1 所示。

图 10.1　世界坐标系　　　　　　　　　　图 10.2　用户坐标系

2. 用户坐标系

定义一个用户坐标系即需要重新定义原点 $(0,0,0)$ 的位置以及 XY 平面和 Z 轴的方向。可在 AutoCAD 的三维空间中的任何位置定位和定向用户坐标系，也可随时定义、保存和使用多个用户坐标系。用户坐标系如图 10.2 所示。

任务二　基本实体绘制

三维实体是三维图形中重要的部分，它具有实体的特征，即其内部是实心的。用户可以对三维实体进行打孔、挖槽等操作，从而形成具有实用意义的物体，以便进一步分析实体的质量

特性,输出实体对象的数据,供数控中心等加工设备使用。三
维实体示例如图 10.3 所示。

1. 长方体

启动命令的方法:在命令行输入"BOX"后回车,或单击
工具栏图标 。

执行命令,AutoCAD 提示如下。

指定第一个角点或[中心(C)]:(在此指定长方体第一个
角点位置,可随意点击,也可输入坐标值设定)

指定其他角点或[立方体(C)长度(L)]:(在此可以选择画
立方体,也可选择画长方体,还可以选择其他角点或选择长度)

绘制结果如图 10.4 所示。

若选择长度后 AutoCAD 提示如下。

指定高度或[两点(2P)]<80.0000>:(在此输入长方体高度值)

图 10.3　三维实体

2. 圆柱体

启动方法:在命令行输入"CYLINDER"后回车,或单击工具栏图标 。

执行命令后 AutoCAD 提示如下。

指定底面的中心点或[三点(3P)两点(2P)切点、切点、半径三点(T)椭圆(E)]:(在此指定
底面的位置,可随意点击,也可输入坐标值设定)

指定底面半径或[直径(D)]:(在此可以输入圆柱底面的半径或直径)

指定高度或[两点(2P)]<80.0000>:(在此输入圆柱体高度值或两点值)

绘制结果如图 10.5 所示。

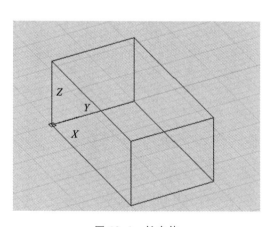

图 10.4　长方体

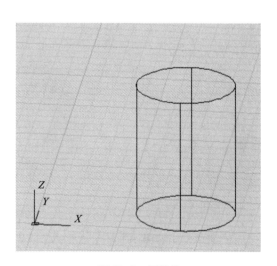

图 10.5　圆柱体

3. 球体

启动方法:在命令行输入"SPHERE"后回车,或单击工具栏图标 。

执行命令后 AutoCAD 提示如下。

指定中心点或[三点(3P)两点(2P)切点、切点、半径三点(T)]:(在此指定球心的位置,可随意点击,也可输入坐标值设定)

指定半径或[直径(D)]:(在此可以输入球的半径或直径)

绘制结果如图 10.6 所示。

4. 圆锥体

启动命令的方法:在命令行输入"CONE"后回车,或单击工具栏图标 。

执行命令后 AutoCAD 提示如下。

指定底面的中心点或[三点(3P)两点(2P)切点、切点、半径三点(T)椭圆(E)]:(在此指定底面中心点的位置,可随意点击,也可输入坐标值设定)

指定底面半径或[直径(D)]:(在此可以输入圆锥体底面的半径或直径)

指定高度或[两点(2P)轴端点(A)顶面半径(T)]<80.0000>:(在此输入圆锥体高度值或两点值)

绘制结果如图 10.7 所示。

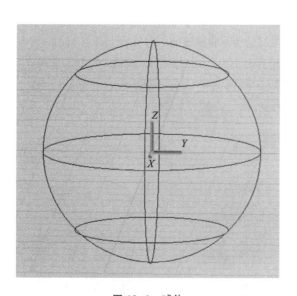

图 10.6 球体

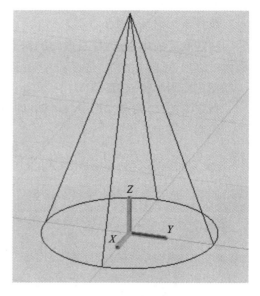

图 10.7 圆锥体

5. 圆环体

启动命令的方法:在命令行输入"TORUS"后回车,或单击工具栏图标 ◎。

执行命令后,AutoCAD 提示如下。

指定半径或[直径(D)]:(在此可以输入圆环体的半径或直径)

指定圆管半径或[两点(2P)直径(D)]:(在此输入圆管半径值或两点值或直径值)

绘制结果如图 10.8 所示。

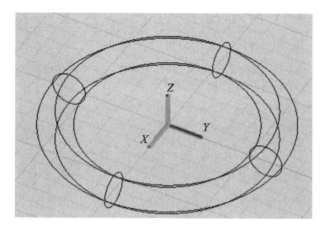

图 10.8 圆环体

6. 多段体

启动命令方法:在命令行输入"POLYSOLID"后回车,或单击工具栏图标 。

执行命令,AutoCAD 提示如下。

指定起点或[对象(O)高度(H)宽度(W)对正(J)]:(在此指定多段体的起点或高度或宽度)

指定下一个点或[圆弧(A)放弃(U)]:(在此指定下一个点或圆弧都可以,也可放弃继续操作)

绘制结果如图 10.9 所示。

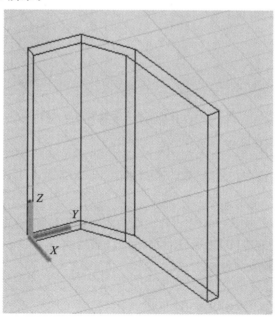

图 10.9 多段体

任务三　二维图形转换成三维实体模型

在 AutoCAD 中,除了可以通过实体绘制命令绘制三维实体外,还可以通过拉伸、旋转、扫掠、放样等方法,利用二维对象创建三维实体或曲面。操作方法是:在快速访问工具栏选择"显示菜单栏"命令,在弹出的菜单中选择"绘图"→"建模"命令的子命令,或在"功能区"选项板中选择"常用"选项卡,在"建模"面板中单击相应的工具来建模。"建模"工具栏如图 10.10 所示。

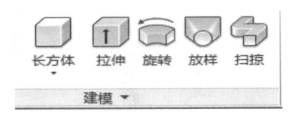

图 10.10　"建模"工具栏

1. 创建面域和编辑面域

利用直线指令绘制三角形,绘制结果如图 10.11 所示。

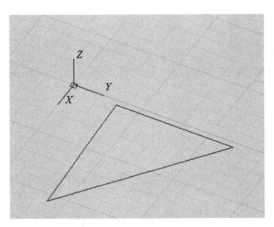

图 10.11　利用直线指令绘制的三角形

2. 二维图形拉伸为三维实体

启动命令的方法:在命令行输入"EXTRUDE"后回车,或单击工具栏图标 📦。

执行命令,AutoCAD 提示如下。

选择要拉伸的对象或[模式(MO)]: (在此选中需要进行拉伸的二维对象)

指定拉伸的高度或[方向(D)路径(P)倾斜角(T)表达式(E)]: (在此输入需要拉伸的高度或指定拉伸的方向、路径、倾斜角)

绘制结果如图 10.12 所示。

3. 二维图形旋转为三维实体

启动命令的方法:在命令行输入"REVOLVE"后回车,或单击工具栏图标 📦。

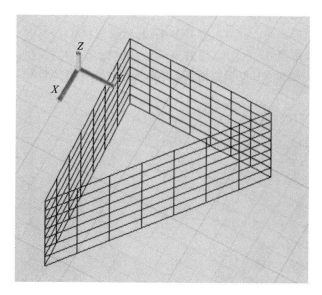

图 10.12　二维对象拉伸后的效果

执行命令,AutoCAD 提示如下。

选择要旋转的对象或[模式(MO)]:(在此点击需要进行旋转的二维对象)

指定轴起点或根据以下选项之一定义轴[对象(O)XYZ]:(在此指定旋转的轴起点或指定围绕哪一个轴进行旋转。如图 10.13 所示选择 X 轴作为旋转轴)

指定旋转角度或[起点角度(ST)反转(R)表达式(EX)]:(在此指定旋转的角度等,此示例旋转角度为 180°)

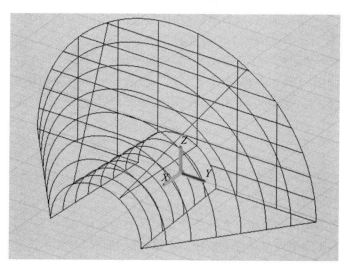

图 10.13　旋转指令应用

4. 与实体有关的系统变量

利用直线和圆指令绘制二维线框,如图 10.14(a)所示。

启动命令的方法:在命令行输入"LOFT"后回车,或单击工具栏图标　。

执行命令,AutoCAD 提示如下。

按放样次序选择横截面或[点(PO)合并多条边(J)模式(MO)]:(在此点击正方形)

按放样次序选择横截面或[点(PO)合并多条边(J)模式(MO)]:(在此选择圆,回车)

输入选项[导向(G)路径(P)仅横截面(C)设置(S)]:(在此指定放样的选项,此实例选用路径)

放样结果如图 10.14(b)所示。

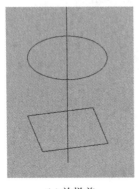 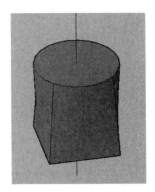

(a) 放样前   (b) 放样后

图 10.14 放样

任务四 三维实体编辑

使用三维操作命令和实体编辑命令,可以对三维对象进行移动、复制、镜像、旋转、对齐、阵列等操作,或对实体进行布尔运算,编辑面、边和体等操作。在对三维图形进行操作时,为了使对象看起来更加清晰,可以消除图形中的隐藏线来观察其效果。

在二维图形编辑中常用的许多修改命令(如移动、复制、删除等)同样适用于三维对象。另外,用户可以在快速访问工具栏选择"显示菜单栏"命令,在弹出的菜单中选择"修改"→"三维操作"菜单中的子命令,对三维空间中的对象进行三维阵列、三维镜像、三维旋转以及对齐位置等操作。

1. 差集

启动命令的方法:在命令行输入"SUBTRACT"后回车,或单击工具栏图标 。

执行命令,AutoCAD 提示如下。

选择要从中减去的实体或面域:(在此点击从中减去的实体,然后回车)

选择要减去的实体或面域:(选择要减去的实体,然后回车)

未进行差集操作的两实体如图 10.15 所示,进行差集操作后效果如图 10.16 所示。

2. 并集

启动命令的方法:在命令行输入"UNION"后回车,或单击工具栏图标 。

执行命令,AutoCAD 提示如下。

选择需要合并的实体:(点击两个需要进行合并的实体,单击鼠标右键确定)

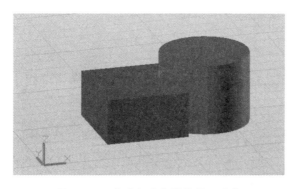

图 10.15　未进行差集操作的两实体

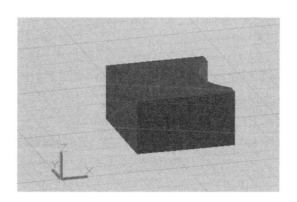

图 10.16　进行差集操作后效果

进行并集操作后效果如图 10.17 所示。

图 10.17　进行并集操作后效果

3. 交 集

启动命令的方法:在命令行输入"INTERSECT"后回车,或单击工具栏图标 。

执行命令,AutoCAD 提示如下。

选择图形对象:(点击两个需要进行交集操作的实体,单击鼠标右键确定)

进行交集操作后效果如图 10.18 所示。

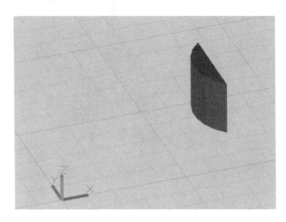

图 10.18　进行交集运算的效果

4. 剖切

启动命令的方法:在命令行输入"SLICE"后回车,或单击工具栏图标![图标]。

执行命令,AutoCAD 提示如下。

选择要剖切的对象:(点击两个需要进行剖切的实体)

指定切面的起点或〔平面对象(O)/曲面(S)/Z 轴(Z)/视图(V)/XY(XY)/YZ(YZ)/ZX (ZX)/三点(3)〕＜三点＞:(在此指定切面的位置,此实例以 ZX 平面为例)

指定 ZX 平面上的点 ＜0,0,0＞:(指定 ZX 平面上两点)

在所需的侧面上指定点或〔保留两个侧面(B)〕＜保留两个侧面＞:(指定是否还要保留)

剖切前效果如图 10.19 所示。

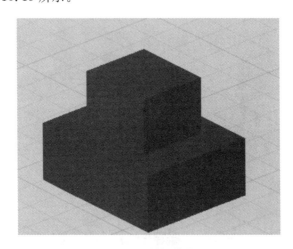

图 10.19　剖切前效果

剖切后效果如图 10.20 所示。

5. 三维阵列

启动命令的方法:在"功能区"选项板中选择"常用"选项卡,在"修改"面板中单击"三维阵列"按钮;或在快速访问工具栏选择"显示菜单栏"命令,在弹出的菜单中选择"修改"→"三维操作"→"三维阵列"命令。执行操作后,就可以在三维空间中使用环形阵列或矩形阵列方式复制对象。

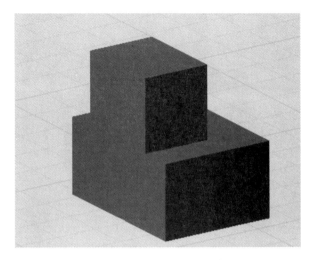

图 10.20 剖切后效果

举例说明。

首先建立一个需要进行阵列操作的三维模型,如图 10.21 所示。

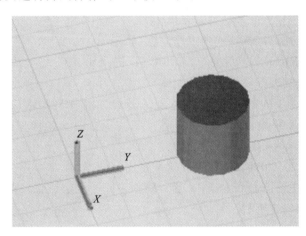

图 10.21 需要进行阵列操作的模型

在命令行输入"3DARRAY"后回车,AutoCAD 提示如下。

选择对象:(指定需要进行阵列的实体)

输入阵列类型 [矩形(R)/环形(P)] <R>:(指定阵列的类型,此实例选择 P)

指定阵列的中心点或 [基点(B)]:(指定中心点)

输入阵列中项目的数目:(指定阵列的数目)

指定要填充的角度 (＋＝逆时针,－＝顺时针) <360>:(指定要旋转的角度)

是否旋转阵列中的对象?[是(Y)/否(N)] <Y>:(指定是否保留阵列对象,选择 Y,回车)

阵列后效果如图 10.22 所示。

6.三维镜像

启动命令的方法:在"功能区"选项板中选择"常用"选项卡,在"修改"面板中单击"三维镜

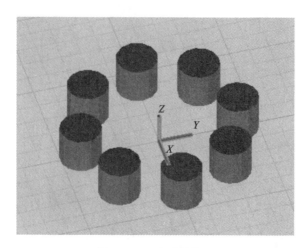

图 10.22　阵列后效果

像"按钮;或在快速访问工具栏选择"显示菜单栏"命令,在弹出的菜单中选择"修改"→"三维操作"→"三维镜像"命令。

执行命令,就可以在三维空间中将指定对象相对于某一平面镜像。

举例说明。

首先建立一个需要进行镜像操作的三维模型,如图 10.23 所示。

在命令行输入"MIRROR3D"后回车,AutoCAD 提示如下。

选择对象:(选择需要进行镜像操作的实体)

指定镜像平面（三点）的第一个点或[对象(O)/最近的(L)/Z 轴(Z)/视图(V)/XY 平面(XY)/YZ 平面(YZ)/ZX 平面(ZX)/三点(3)]＜三点＞:(指定镜像平面,本实例指定 ZX 平面为镜像平面)

指定 ZX 平面上的点 ＜0,0,0＞:(指定 ZX 平面上的点)

是否删除源对象?[是(Y)/否(N)]＜否＞:(指定是否保留镜像对象,直接回车)

镜像后效果如图 10.23 所示。

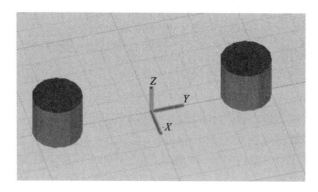

图 10.23　镜像后效果

7. 三维旋转

此命令用于将三维对象绕基点旋转。

启动命令的方法:在"功能区"选项板中选择"常用"选项卡,在"修改"面板中单击"三维旋转"按钮;或在快速访问工具栏选择"显示菜单栏"命令,在弹出的菜单中选择"修改"→"三维操作"→"三维旋转"命令。

执行命令后,就可以使对象绕三维空间中任意轴(X 轴、Y 轴或 Z 轴)、视图、对象或两点旋转。

举例说明。

首先建立一个需要进行旋转操作的三维模型,如图 10.24 所示。

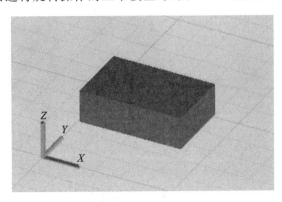

图 10.24　旋转前效果

在命令行输入"ROTATE3D",回车,AutoCAD 提示如下。

选择对象:(选择需要进行旋转操作的实体)

指定轴上的第一个点或定义轴依据[对象(O)/最近的(L)/视图(V)/X 轴(X)/Y 轴(Y)/Z 轴(Z)/两点(2)]:(指定旋转轴上的第一个点也可以选一个轴,此实例选择 Y 轴为旋转轴)

指定 Y 轴上的点 <0,0,0>:(指定旋转轴上的点)

指定旋转角度或[参照(R)]:(指定对象的旋转角度)

旋转后效果如图 10.25 所示。

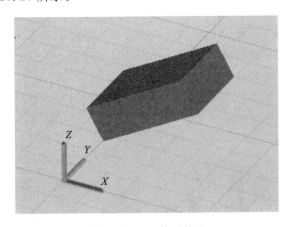

图 10.25　旋转后效果

8. 三维对齐

该命令用于在二维和三维空间中将对象与其他对象对齐。

启动命令的方法:在"功能区"选项板中选择"常用"选项卡,在"修改"面板中单击"三维对齐"按钮;或在快速访问工具栏选择"显示菜单栏"命令,在弹出的菜单中选择"修改"→"三维操作"→"三维对齐"命令。

执行命令后,就可以在二维或三维空间中将选定对象与其他对象对齐。

举例说明。

首先建立一个需要进行对齐操作的三维模型,如图 10.26 所示。

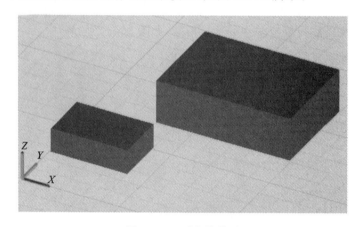

图 10.26 对齐前效果

在命令行输入"3DALIGN",回车,AutoCAD 提示如下。

选择对象:(选择需要进行对齐的对象)

指定源平面和方向...

指定基点或[复制(C)]:(指定源对象上第一个点)

指定第二个点或[继续(C)]<C>:(指定源对象上第二个点)

指定第三个点或[继续(C)]<C>:(指定源对象上的第三个点)

指定目标平面和方向...

指定第一个目标点:(指定目标对象上第一个点)

指定第二个目标点或[退出(X)]<X>:(指定目标对象上第二个点)

指定第三个目标点或[退出(X)]<X>:(指定目标对象上第三个点)

对齐后效果如图 10.27 所示。

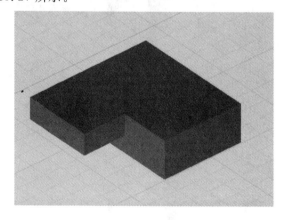

图 10.27 对齐后效果

9. 三维倒直角

该命令用于为三维实体的边制作直角。

启动命令的方法：在"功能区"选项板中选择"常用"选项卡，在"修改"面板中单击"倒角"按钮；或在快速访问工具栏选择"显示菜单栏"命令，在弹出的菜单中选择"修改"→"倒角"命令。

执行命令后，就可以对实体的棱边修倒角，从而在两相邻曲面间生成一个平坦的过渡面。

举例说明。

首先建立一个需要进行倒角操作的三维模型，如图 10.28 所示。

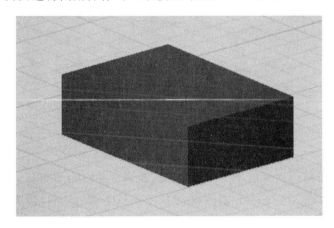

图 10.28　倒角前效果

在命令行输入"CHAMFER"，回车，AutoCAD 提示如下。

（"修剪"模式）当前倒角距离 1 ＝ 100.0000，距离 2 ＝ 100.0000

选择第一条直线或［放弃（U）/多段线（P）/距离（D）/角度（A）/修剪（T）/方式（E）/多个（M）]:（选择倒角的对象）

输入修剪模式选项［修剪（T）/不修剪（N）］＜修剪＞:（选择修剪模式）

选择第一条直线或［放弃（U）/多段线（P）/距离（D）/角度（A）/修剪（T）/方式（E）/多个（M）]:（指定要倒角的三维实体的边）

基面选择...

输入曲面选择选项［下一个（N）/当前（OK）]＜当前（OK）＞: OK

指定基面倒角距离或［表达式（E）]＜100.0000＞:（指定倒角距离）

指定其他曲面倒角距离或［表达式（E）]＜100.0000＞:（默认前一次倒角距离）

选择边或［环（L）]:（边、环选择）

倒角后效果如图 10.29 所示。

10. 三维倒圆角

该命令用于为三维实体的边制作圆角。

在"功能区"选项板中选择"常用"选项卡，在"修改"面板中单击"倒圆角"按钮；或在快速访问工具栏选择"显示菜单栏"命令，在弹出的菜单中选择"修改"→"倒圆角"命令。执行命令后，

图 10.29　倒角后效果

可以对实体的棱边修倒圆角。

举例说明。

首先建立一个需要进行倒圆角操作的三维模型,如图 10.28 所示。

在命令行输入"FILLETEDGE",回车,AutoCAD 提示如下。

("修剪"模式) 当前倒角距离 1 = 100.0000,距离 2 = 100.0000

选择第一条直线或 [放弃(U)/多段线(P)/距离(D)/角度(A)/修剪(T)/方式(E)/多个(M)]:(指定实体)

选择边或 [链(C)/环(L)/半径(R)]:(选择需要进行圆角处理的边)

选择边或 [链(C)/环(L)/半径(R)]:(可以继续选择)

按 Enter 键接受圆角或 [半径(R)]:(指定圆角半径)

指定半径或 [表达式(E)] <1.0000>:(输入圆角的半径值)

按 Enter 键接受圆角或 [半径(R)]:(回车即可)

倒圆角后效果如图 10.30 所示。

图 10.30　倒圆角后效果

11. 抽壳

该命令用于将三维实体转换为壳体,并设定其厚度。

执行命令的方法:在"功能区"选项板中选择"常用"选项卡,在"修改"面板中使用"实体编辑"命令中的清除、分割、抽壳和检查工具;或在快速访问工具栏选择"显示菜单栏"命令,在弹出的菜单中选择"修改"→"实体编辑"子菜单中的相关命令。

执行命令后,可以对实体进行抽壳操作。

举例说明。

首先建立一个需要进行抽壳操作的三维模型,如图 10.31 所示。

在命令行输入"SOLIDEDI",回车,AutoCAD 提示如下。

实体编辑自动检查:SOLIDCHECK=1

选择三维实体:

删除面或[放弃(U)/添加(A)/全部(ALL)]:(选择要删除的面)

删除面或[放弃(U)/添加(A)/全部(ALL)]:(回车结束选择)

输入抽壳偏移距离:(输入抽壳时需偏移的距离)

已开始实体校验

已完成实体校验

输入体编辑选项[压印(I)/分割实体(P)/抽壳(S)/清除(L)/检查(C)/放弃(U)/退出(X)]<退出>:(回车退出实体编辑)

抽壳后效果如图 10.32 所示。

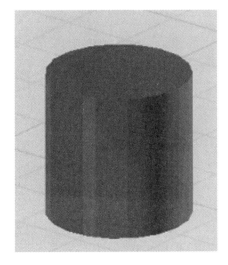

图 10.31 抽壳前效果

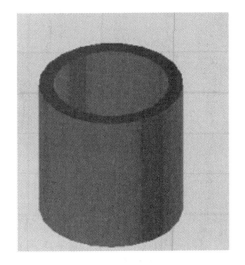

图 10.32 抽壳后效果

12. 压印

该命令用于将二维几何图形压印到三维实体上,从而在平面上创建更多的边。

执行命令的方法:在"功能区"选项板中选择"常用"选项卡,在"修改"面板中使用"实体编辑"面板中的清除、分割、抽壳和检查工具,或在快速访问工具栏选择"显示菜单栏"命令,在弹出的菜单中选择"修改"→"实体编辑"子菜单中的相关命令。

执行命令后,可以对实体进行压印操作。

举例说明。

首先建立一个需要进行压印操作的三维模型,如图 10.33 所示。

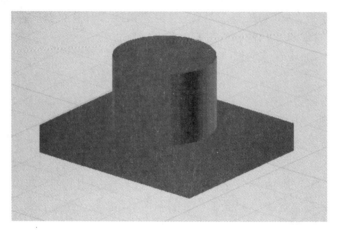

图 10.33　压印前效果

在命令行输入"imprint",回车,AutoCAD 提示如下。

选择三维实体或曲面:(选择源对象)

选择要压印的对象:(选择要压印的对象)

是否删除源对象［是(Y)/否(N)］<N>:(删除源对象)

压印后效果如图 10.34 所示。

图 10.34　压印后效果

任务五　三维图形消隐、着色与渲染

1. 消隐

启动命令的方法:在快速访问工具栏上单击"显示菜单栏"命令,在弹出的菜单中选择"视图"→"消隐"命令;或在命令行输入"hide"后回车;或单击工具栏图标 ⬡ 。

消隐前效果如图 10.35 所示,消隐后效果如图 10.36 所示。

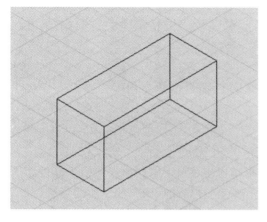

图 10.35　消隐前效果

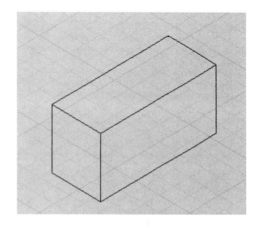

图 10.36　消隐后效果

2. 着色

启动命令的方法:在快速访问工具栏单击"显示菜单栏"命令,在弹出的菜单中选择"视图"
→"视觉样式"→"视觉样式管理器"→"着色"命令;或在命令行输入"coloring"后回车;或单击
工具栏图标 ![icon]。

着色后效果如图 10.37 所示。

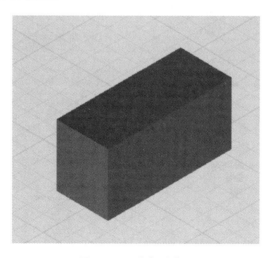

图 10.37　着色后效果

3. 视觉样式

启动命令的方法:在"功能区"选项板中选择"渲染"选项卡,在"视觉样式"面板中单击"视
觉样式管理器"按钮;或在快速访问工具栏选择"显示菜单栏"命令,在弹出的菜单中选择"视
图"→"视觉样式"→"视觉样式管理器"命令。这样即打开"视觉样式管理器"对话框,如图
10.38所示。

对管理器中各项的说明如下。

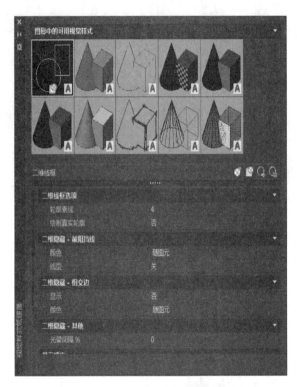

图 10.38　视觉样式管理器

1）二维线框

"二维线框"视觉样式用于以轮廓素线显示实体。

2）概念

①面设置：此项用于控制面在视口中的外观。

②面样式：此项用于定义面上的着色。

③光源质量：此项用于为三维实体的面和当前视口中的曲面设置插入颜色。

④颜色：此项用于控制面的颜色。

⑤不透明度：此项用于将"不透明度"的值从正值改为负值，或者从负值改为正值。

⑥材质显示：控制是否显示材质和纹理。

⑦光源。

亮线强度：此项用于将"亮显强度"的值从正值改为负值，或者从负值改为正值。

阴影显示：此项用于设置阴影显示。

⑧环境设置。

⑨背景：此项用于设置背景是否显示在视口中。

3）隐藏

"隐藏"视觉样式用于隐藏被遮住的轮廓。

4）真实

"真实"视觉样式用于显示真实效果。

5）着色

"着色"视觉样式用于选定的面选择颜色。

6）带边缘着色

"带边缘着色"视觉样式用于轮廓线带色着色面。

7）灰度

"灰度"视觉样式用于灰色着色面。

8）勾画

"勾画"视觉样式用于素描形式显示。

9）线框

"线框"视觉样式用于三维线框显示。

10）X射线

"X射线"视觉样式用于X射线形式显示。

4. 材质

启动方法:在"功能区"选项板中选择"渲染"选项卡,在"材质"面板中单击"材质"按钮;或在快速访问工具栏选择"显示菜单栏"命令,在弹出的菜单中选择"视图"→"渲染"→"材质"命令。启动命令后将显示"材质编辑器"面板,用户可以在该面板上快速访问与使用预设材质,如图 10.39 所示。

图 10.39 "材质编辑器"面板

5. 渲染

渲染是基于三维场景来创建二维图像的,它指使用已设置的光源、已应用的材质和环境设置(例如背景和雾化)为场景的几何图形着色。渲染工具栏如图 10.40 所示。

图 10.40 渲染工具栏

在"功能区"选项板中选择"渲染"选项卡,在"渲染"面板中单击"高级渲染设置";或在快速访问工具栏选择"显示菜单栏"命令,在弹出的菜单中选择"视图"→"渲染"→"高级渲染设置"命令。启动命令后打开"高级渲染设置"选项板,可以设置渲染高级选项,如图10.41所示。

6. 保存图片

默认情况下,渲染对象为渲染图形内当前视图中的所有对象。如果没有打开命名视图或

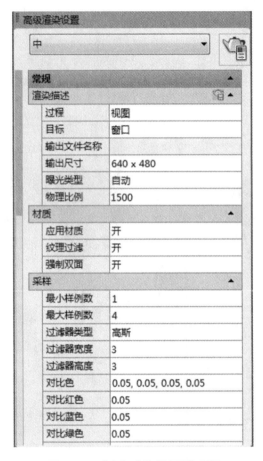

图 10.41 "高级渲染设置"选项板

相机视图,则渲染当前视图。虽然在渲染关键对象或视图的较小部分时渲染速度较快,但渲染整个视图可以让用户看到所有对象之间是如何相互定位的。

任务六　视图与视点

1. 视图

AutoCAD 预先定义了标准正交视图和等轴测视图,故用户可以通过选择定义视图来快速设置视图。选择与定义视图的方法如下。

单击菜单栏的"选择"→"视图"→"三维视图"命令,再选择相对应的子命令。

在视图工具栏中,单击"标准视图"按钮若干次即可得到如图 10.42 所示三维对象的标准视图和等轴测视图。

标准正交视图包括:SW(西南)等轴测视图、SE(东南)等轴测视图、NE(东北)等轴测视图和 NW(西北)等轴测视图。

在三维视觉样式下,AutoCAD 增加了更加直观的视图模型,其显示在绘图区右上角,如图 10.43 所示。单击图中立方体的任意面、棱或顶点都会显示相应的视图。单击底面上的"东"

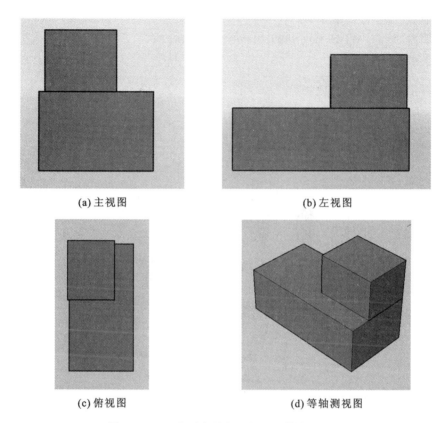

(a) 主视图　　　　　　　　　　　　(b) 左视图

(c) 俯视图　　　　　　　　　　　　(d) 等轴测视图

图 10.42　三维对象的标准视图和等轴测视图

"南""西""北"将会显示从相应方向进行观察的视图。选择了标准的正交视图后,立方体模型的四周会出现三角符号,右上角会出现旋转提示箭头,如图 10.44 所示。单击三角符号,立方体将绕屏幕内的轴旋转 90°,视图将切换到相邻的下一正交视图。单击旋转提示箭头,立方体将绕垂直屏幕的轴旋转 90°。

图 10.43　视图模型

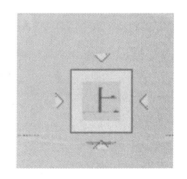

图 10.44　标准正交视图

2. 视点

除了从标准视图观察对象以外,还可以通过设置视点的方式从任意角度观察对象。

启动命令的方法:在菜单栏点击"视图"→"三维视图"→"视点"命令,或在命令行输入命令"VPOINT"后回车。

执行命令后,命令行提示如下。

当前视图方向:VIEWDIR＝0.0000,0.0000,1.0000

指定视点或"旋转(R)"

可以通过以下三种方式设置视点。

1)指定视点

用户指定某一个点,系统会以该点与当前用户坐标系原点的连线作为观察方向。从该视点观察对象,将会看到如图 10.45 所示的效果。该方式为默认方式。

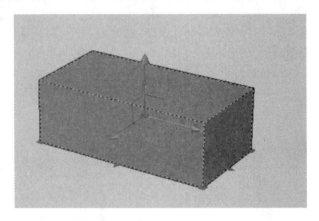

图 10.45　从指定视点观察对象

2)旋转

采用该方式时,使用两个角度指定新的方向。

在命令行提示下输入"R",选择旋转方式,命令行显示如下。

输入 XY 平面中与 X 轴的夹角:(第一个角度为在 XY 平面中与 X 轴的夹角 15°)

输入与 XY 平面的夹角:(第二个角度为与 XY 平面的夹角 15°,位于 XY 平面的上方或下方,操作结果如图 10.46 所示)

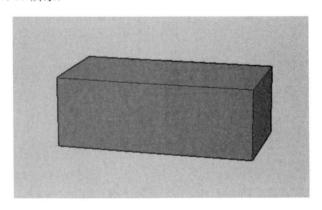

图 10.46　旋转观察对象效果

3)显示坐标球和三轴架

不输入任何坐标值或角度,直接按"Enter"键,将出现坐标球和三轴架,如图 10.47 所示。拖动鼠标使光标在坐标球范围内移动时,三轴架的 X 轴、Y 轴也会绕着 Z 轴转动。三轴架转动的角度与光标在坐标球上的位置对应。光标位于坐标球的不同位置时相应的视点也不同。坐标球是球体的二维表现方式,中心点是北极$(0,0,n)$,内环是赤道$(n,n,0)$,整个外环是南极$(0,0,-n)$。

除了通过以上方式设置视点以外,还可以进行视点预设,即预先设置好观察方向。视点预设的启动方法如下。

在菜单栏中点击"视图"→"三维视图"→"视点预设"命令,或在命令行输入指令"DDVPOINT"后回车。启动命令后弹出"视点预设"对话框,如图 10.48 所示。在该对话框中可以选择是采用"绝对于 WCS"还是"相对于 UCS"来设置视点。如前所述,视点可以通过两个角度来设置:在"视点预设"对话框中左边图形用来指定与 X 轴的夹角,右边的图形用来指定与 XY 平面的夹角。可以通过鼠标在图形中选择角度值或在图形下方的栏中填写角度值来指定。如果单击"设置为平面视图"按钮,则系统显示选定坐标系的 XY 平面。

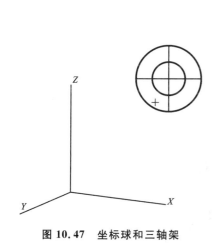

图 10.47　坐标球和三轴架

图 10.48　"视点预设"对话框

任务七　三维动态观察

1. 三维动态观察器

(1) 在"功能区"选项板中选择"视图"选项卡,在"视图"选择卡中单击"受约束的动态观察"按钮;或在快速访问工具栏选择"显示菜单栏"命令,在弹出的菜单中选择"视图"→"动态观察"→"受约束的动态观察"命令,就可以在当前视口中激活三维动态观察视图。

(2) 在"功能区"选项板中选择"视图"选项卡,在"视图"选择卡中单击"自由动态观察"按钮,或在快速访问工具栏选择"显示菜单栏"命令,在弹出的菜单中选择"视图"→"动态观察"→"自由动态观察"命令,就可以在当前视口中激活三维自由动态观察视图。如果用户坐标系(UCS)图标为开,则表示当前的着色三维 UCS 图标显示在三维动态观察视图中,如图 10.49所示。

(3) 在"功能区"选项板中选择"视图"选项卡,在"视图"面板中单击"连续动态观察"按钮,或在快速访问工具栏选择"显示菜单栏"命令,在弹出的菜单中选择"视图"→"动态观察"→"连

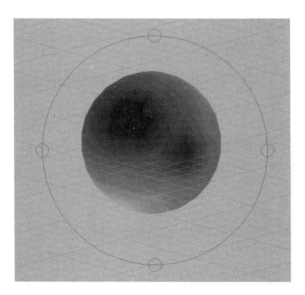

图 10.49　自由动态观察

续动态观察"命令,就可启用交互式三维视图并将对象设置为连续运动,如图10.50所示。

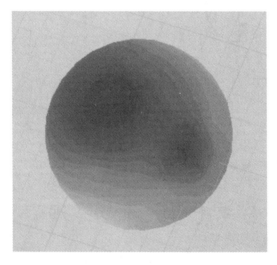

图 10.50　连续动态观察

2. 多视口观察

AutoCAD准许将绘图区划分为多个浮动视口,这些视口的大小可以不一样,并且可以是相互独立的,也可以在其中一个视口中再创建一个视口。在同一张图纸上创建多个视口,不但可以展现同一图形对象的不同视角的视图,而且可以展现同一图形对象的不同比例的视图。

在"功能区"选项板中选择"视图"选项卡,在"视图"面板中单击"视口"按钮,或在快速访问工具栏选择"显示菜单栏"命令,在弹出的菜单中选择"视图"→"视口",如图 10.51 所示。

"视口"对话框中的每个选项用于对视口进行快速配置,如选择"四个视口"选项并设置每一个对象的视图,得到如图 10.52 所示的绘图窗口。

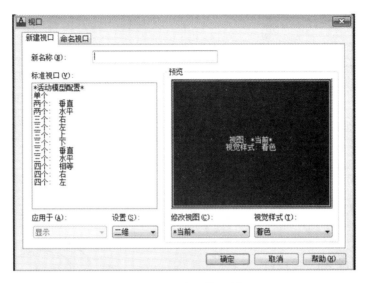

图 10.51 "视口"对话框

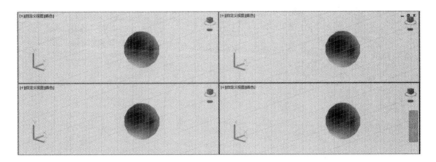

图 10.52 多视口观察对象

习题

1. 按照图 10.53 所示的图形建模。

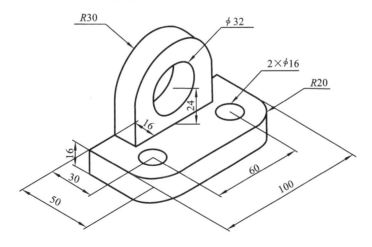

图 10.53 题 1 图

2. 按照图 10.54 所示的图形建模。

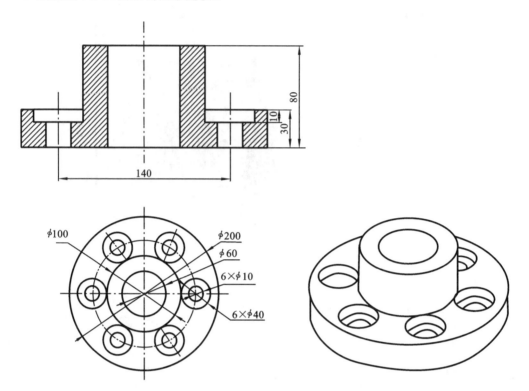

图 10.54 题 2 图

3. 将图 10.55(a)所示的实体模型修改成图 10.55(b)所示的图形。

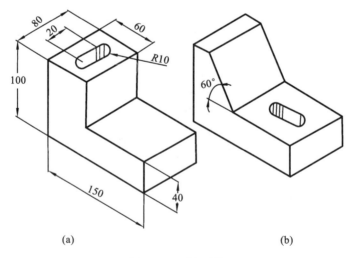

(a)   (b)

图 10.55 题 3 图

4. 绘制图 10.56 所示的实体,并进行渲染处理。

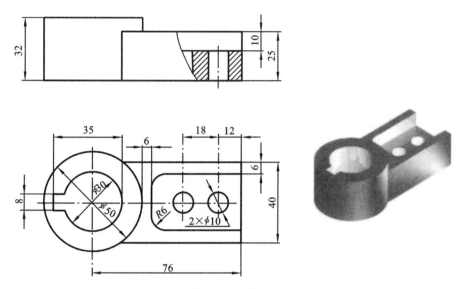

图 10.56 题 4 图

5. 利用扫掠功能生成图 10.57 所示的实体。锥形螺旋线大径为 150 mm,小径为 60 mm,高为 300 mm,以直径为 12 mm 的小圆进行扫掠。

图 10.57 题 5 图

6. 利用放样功能生成图 10.58 所示的实体。

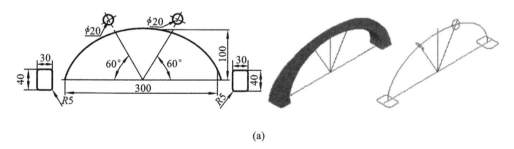

(a)

图 10.58 题 6 图

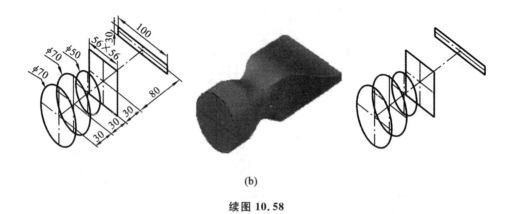

(b)

续图 10.58

7. 根据图 10.59 所示的三视图绘制立体图。

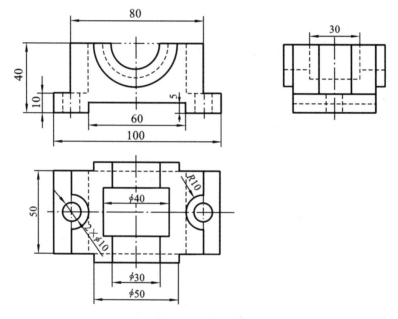

图 10.59　题 7 图

项目十一　绘图常见问题汇总及快捷命令汇总表

学习目标

学会解决绘制工程图中的常见问题；

掌握快捷命令方式。

知识要点

绘图常见问题解决方案；快捷命令。

绘图技巧

利用快捷命令绘图可以大大提升绘图速度。

任务一　绘图常见问题

以下是绘图常见问题及解决方案。

（1）选择对象时不小心选多了，要想取消部分对象怎么办？

答：按着"Shift"键再用鼠标左键选取要取消选择的对象。

（2）想要选择多段线的一部分时怎么办？

答：想要选择多段线的一部分时，可以不将多段线打散，通过按住"Ctrl"键，选择多段线的需要选择的一部分来实现。

（3）绘图结束后怎样清除未使用的标注样式、表格样式、块等？

答：绘图结束发现有未使用的标注样式、表格样式、块等，可通过"图形实用工具"下的"清理"功能统一清理（**注意**：凡是被图形引用了的均清理不了）。这样能避免手动清理的不彻底，且能提高效率。

（4）重新保存 AutoCAD 图形后出现的.BAK 文件的作用是什么？

答：我们经常看到重新保存 AutoCAD 图形后会出现一个.BAK 的文件，并且此文件不可以打开。其实这个文件是一个图形备份文件，是 AutoCAD 为避免用户无意中保存了不经意修改的文件而设置的。用户将后缀.BAK 修改为 AutoCAD 图形文件后缀.DWG 后，当前图形即可恢复为保存前的图形。有时 AutoCAD 的运行因为某种原因（如突然断电）突然中断，此情况下"图形修复管理器"会在下次启动时打开，打开.BAK 文件可以修复还原中断之前状态。（**注意**：.BAK 文件保存的是用户最后一次保存之前的文件。如果用户连续点击两次或更多次"保存"按钮，则.BAK 文件就失去了其意义，所以要想使用软件的此功能，要特别注意保存的次数。可通过命令行或通过按"F2"键调取文本窗口查看上一次保存是否完成。）

（5）使用"单行文字"与"多行文本"输入文字时有什么区别？

答：使用"单行文字"输入文字时，可以按"Enter"键换行，但输入结束后每一行文字都是相对独立的，可以进行单独编辑；多行文字一般用来书写段落文字，编辑比较方便。

（6）"内部块"和"外部块"有何区别？

答："块"可分为"内部块"和"外部块"。"内部块"通过"BLOCK"命令创建或选择"插入"→"块定义"→"创建块"创建；"外部块"通过"WBLOCK"命令创建或选择"插入"→"块定义"→"写块"创建。"内部块"保存在当前 CAD 文件内，只可插入创建块的文件，或通过复制才可用于其他文件；"外部块"则单独占用硬盘空间，可以插入任意图形。"外部块"适用范围很广，尤其适合用于创建较为高级的"动态块"。

（7）新建命令 Ctrl＋N 无效时怎样解决？

答：新建命令 Ctrl＋N 无效时只需到"OP"选项里调整设置。

操作过程："OP"→"系统"→"启动"（A 显示启动对话框，B 不显示启动对话框），选择 A 则新建命令有效，反之则无效。

（8）与 Ctrl 键有关的命令无效怎么办？

答：当 Ctrl＋C（复制）、Ctrl＋V（粘贴）、Ctrl＋A（全选）等和 Ctrl 键有关的命令失效时，只需到"OP"选项里进行如下调整。

操作过程：依次选中"OP"→"用户系统配置"→"Windows 标准加速键"（勾选）。勾选标准加速键后，和 Ctrl 键有关的命令有效，反之则失灵。

（9）填充无效怎么办？

答：选择"OP"→"显示"，勾选"应用实体填充"选项。

（10）加选无效怎么办？

答：有的时候，连续选择物体会失效，只能选择最后一次所选中的物体。这时可以通过如下方法解决。

依次选择"OP"→"选择"→"Shift 键添加到选择集"（取消勾选）。

（11）CAD 系统变量和参数被改变了怎么办？

答：如果 CAD 里的系统变量被无意更改，或一些参数被有意调整了，这时不需重装系统，也不需要一个一个参数地改，只需要进行如下操作：

依次选择"OP"→"配置"→"重置"命令，即可恢复。但恢复后，有些选项还需要一些调整，如十字光标的大小等。

（12）怎样用鼠标右键代替确定功能？

答：依次选择"OP"→"用户系统配置"→"绘图区域中使用快捷菜单"（打上勾），再点击"自定义右键单击"，把所有的"重复上一个命令"选项打上勾。

（13）图形里的圆不光滑怎么办？

答：在绘图区单击鼠标右键，再点击"选项"→"显示"命令，进入"显示"面板，将平滑度设为 1000 即可。

（14）目标捕捉（OSNAP）工具有用吗？

答：用处很大，尤其在绘制精度要求较高的机械图样时，目标捕捉是精确定点的好工具。切忌用光标线直接定点，这样的点不可能很准确。

（15）如何减小文件？

答：绘图完成后，执行清理（PURGE）命令清理掉多余的数据，如无用的块，没有实体的图层，未用的线型、字体、尺寸样式等，这样可以有效减小文件。一般彻底清理需要执行 PURGE命令 2～3 次。

（16）如何将自动保存的图形复原？

答：AutoCAD 一般将自动保存的图形存放到 AUTO. SV ＄ 或 AUTO?. SV ＄ 文件中，找到该文件后将其改名为图形文件名即可在 AutoCAD 中打开。

（17）不能显示汉字，或输入的汉字变成了问号时如何处理？

答：这是由于对应的字型没有使用汉字字体，如 HZTXT. SHX 等。

（18）为什么输入的文字高度无法改变？

答：若使用的字型的高度值不为 0，用"DTEXT"命令书写文本时都不提示输入高度，这样写出来的文本高度是不变的，包括使用该字型进行的尺寸标注。

（19）为什么有些图形能显示，却打印不出来？

答：如果图形绘制在 AutoCAD 自动产生的图层（DEFPOINTS、ASHADE 等）上，就会出现这种情况。

（20）DWG 文件破坏了怎么修复？

答：选择"文件"→"绘图实用程序"→"修复"命令，选中要修复的文件后确认即可。

（21）怎样修改块？

答：输入修改块命令"REFEDIT"，按提示修改好后运行命令"REFCLOSE"，再保存。

（22）模型空间和布局空间打印的区别是什么？

答：模型空间打印需要对每一个独立的图形如平面图、平面布置图、天棚图、地板图、剖面图等进行插入图框操作，然后根据图的大小缩放图框，这样打印图时就很慢，如果采用布局打印则可实现批量打印，不需插件。

（23）为什么打印出来的字体是空心的？

答：在命令行输入"TEXTFILL"命令，值为 0 则字体为空心的，值为 1 则字体为实心的。

（24）如何保存图层、标注样式、打印设置？

答：如果想把图层、标注样式、打印参数都设置好了保存起来，方便下次画图，操作方法是先新建一个 CAD 文档，把图层、标注样式、打印参数等都设置好后另存为 DWT 格式（CAD 的模板文件），再在 CAD 安装目录下找到 DWT 模板文件放置的文件夹，把刚才创建的 DWT 文件放进去，以后使用时，新建文档时选择该模板文件即可。

（25）如何将 CAD 图插入 Word？

答：可以用 AutoCAD 提供的 EXPORT 功能先将 AutoCAD 图形以 BMP 或 WMF 等格式输出，然后插入 Word 文档；也可以先将 AutoCAD 图形复制到剪贴板，再在 Word 文档中粘贴。由于 AutoCAD 默认图形背景颜色为黑色，而 Word 背景颜色为白色，插入前应将 AutoCAD 图形背景颜色改成白色。另外，AutoCAD 图形插入 Word 文档后，往往空边过大，效果不理想，此时可以利用 Word 图片工具栏上的"裁剪"功能进行修整。

（26）打印的时候有印戳怎么办？

答：在如图 11.1 所示对话框中，去消勾选"打印选项"中"打开打印戳记"。

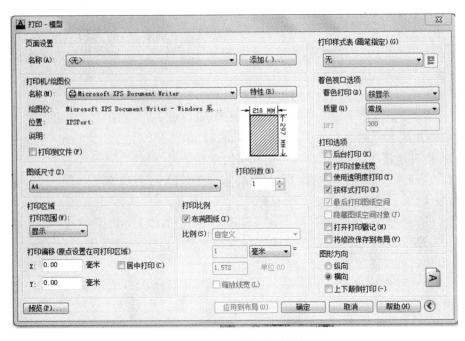

图 11.1　"打印-模型"对话框

（27）输入文字有乱码怎么办？

答：可使用命令"FONTALT"（用于字体的更换）解决 AutoCAD 乱码现象。

若需要用 AutoCAD 读取大量的 CAD 图样，用户可以把以下文字添加到 AutoCAD 目录下的 acad.fmp 文件夹中，解决在读取 CAD 图样时由于无对应字体而造成的乱码现象。

hztxtb;hztxt.shx

hztxto;hztxt.shx

hzdx;hztxt.shx

hztxt1;hztxt.shx

hzfso;hztxt.shx

hzxy;hztxt.shx

fs64f;hztxt.shx

hzfs;hztxt.shx

st64f;hztxt.shx

kttch;hztxt.shx

khtch;hztxt.shx

hzxk;hztxt.shx

Kst64s;hztxt.shx

ctxt;hztxt.shx

hzpmk;hztxt.shx

Pchina;hztxt.shx

hztx;hztxt.shx

hztxt.shx

ht64s;hztxt. shx

kt64f;hztxt. shx

eesltype;hztxt

hzfs0;hztxt

（28）请介绍各种 SHX 字体含义。

答：常用的 SHX 字体介绍如下。

标准的 AutoCAD 文字字体：这种字体可以通过很少的矢量来描述，它是一种简单的字体，因此绘制起来速度很快，txt 字体文件为 txt. shx。

Cmonotxt：等宽的 txt 字体。这种字体除了分配给每个字符的空间大小相同（等宽）以外，其他所有的特征都与 txt 字体相同。因此，这种字体尤其适合于书写明细表或在表格中需要垂直书写文字的场合。

Romans：这种字体是由许多短线段绘制的 Roman 字体的简体（单笔画绘制，没有衬线）。该字体可以产生比 txt 字体看上去更为单薄的字符。

Romand：这种字体与 Romans 字体相似，但它是使用双笔画定义的。该字体能产生更粗、颜色更深的字符，特别适用于在高分辨率的打印机（如激光打印机）上使用。

Romanc：这种字体是 Roman 字体的繁体（双笔画，有衬线）。

Romant：这种字体是与 Romanc 字体类似的三笔画的 Roman 字体（三笔画，有衬线）。

Italicc：这种字体是 Italic 字体的繁体（双笔画，有衬线）。

Italict：这种字体是三笔画的 Italic 字体（三笔画，有衬线）。

Scripts：这种字体是 Script 字体的简体（单笔画）。

Scriptc：这种字体是 Script 字体的繁体（双笔画）。

Greeks：这种字体是 Greek 字体的简体（单笔画，无衬线）。

Greekc：这种字体是 Greek 字体的繁体（双笔画，有衬线）。

Gothice：哥特式英文字体。

Gothicg：哥特式德文字体。

Gothici：哥特式意大利文字体。

Syastro：天体学符号字体。

Asymap：地图学符号字体。

Symath：数学符号字体。

Symeteo：气象学符号字体。

Symusic：音乐符号字体。

Hztxt：单笔画小仿宋体。

Hzfs：单笔画大仿宋体。

China：双笔画宋体。

（29）工具栏不见了怎么办？

答：AutoCAD 中的工具栏不见时，可以采取以下方法：在工具栏处右击；或者选择"工具"→"选项"→"配置"→"重置"命令；也可使用"MENULOAD"命令，然后点击"浏览"按钮，选择 ACAD. MNC 加载工具栏；或者使用"TOOLBAR"命令。

任务二 快捷命令汇总

1. 字母类

1）对象特性快捷命令

对象特性快捷命令如表 11.1 所示。

表 11.1 对象特性快捷命令

快 捷 命 令	命 令	说 明
PRINT	* PLOT	打印
PU	* PURGE	清除垃圾
R	* REDRAW	重新生成
REN	* RENAME	重命名
SN	* SNAP	捕捉栅格
DS	* DSETTINGS	设置极轴追踪模式
OS	* OSNAP	设置捕捉模式
PRE	* PREVIEW	打印预览
TO	* TOOLBAR	工具栏
V	* VIEW	命名视图
AA	* AREA	面积
DI	* DIST	距离
LI	* LIST	显示图形数据信息
UN	* UNITS	图形单位
ATT	* ATTDEF	属性定义
ATE	* ATTEDIT	编辑属性
BO	* BOUNDARY	边界创建,包括创建闭合多段线和面域
AL	* ALIGN	对齐
EXIT	* QUIT	退出
EXP	* EXPORT	输出其他格式文件
IMP	* IMPORT	输入文件
OP	* OPTIONS	自定义 CAD 设置
PR、CH、MO	* PROPERTIES	修改特性"Ctrl+1"
ADC	* ADCENTER	设计中心"Ctrl+2"
MA	* MATCHPROP	属性匹配
ST	* STYLE	文字样式

续表

快捷命令	命　令	说　明
COL	＊COLOR	设置颜色
LA	＊LAYER	图层操作
LT	＊LINETYPE	线型
LTS	＊LTSCALE	线型比例
LW	＊LWEIGHT	线宽

2）绘图快捷命令

绘图快捷命令如表 11.2 所示。

表 11.2　绘图快捷命令

快捷命令	命　令	说　明
PO	＊POINT	点
DIV	＊DIVIDE	定数等分
ME	MEASURE	定距等分
L	＊LINE	直线
XL	＊XLINE	射线
PL	＊PLINE	多段线
ML	＊MLINE	多线
SPL	＊SPLINE	样条曲线
POL	＊POLYGON	正多边形
REC	＊RECTANGLE	矩形
C	＊CIRCLE	圆
A	＊ARC	圆弧
DO	＊DONUT	圆环
EL	＊ELLIPSE	椭圆
REG	＊REGION	面域
MT、T	＊MTEXT	多行文本
TEXT	＊TEXT	单行文字输入
B	＊BLOCK	块定义
I	＊INSERT	插入块
W	＊WBLOCK	定义块文件
DIV	＊DIVIDE	等分
BH	＊BHATCH	图样填充与渐变色

3）视窗缩放快捷命令

视窗缩放快捷命令如表 11.3 所示。

表 11.3　视图缩放快捷命令

快 捷 命 令	命　　令	说　　明
P	* PAN	平移
Z＋空格	* ZOOM	实时缩放
Z	* ZOOM	局部放大
Z＋P	* ZOOM	返回上一视图
Z＋E	* ZOOM	显示全图

4）修改快捷命令

修改快捷命令如表 11.4 所示。

表 11.4　修改快捷命令

快 捷 命 令	命　　令	说　　明
CO	* COPY	复制
MI	* MIRROR	镜像
AR	* ARRAY	阵列
O	* OFFSET	偏移
RO	* ROTATE	旋转
M	* MOVE	移动
E 或 DEL 键	* ERASE	删除
X	* EXPLODE	分解
TR	* TRIM	修剪
EX	* EXTEND	延伸
S	* STRETCH	拉伸
LEN	* LENGTHEN	直线拉长
SC	* SCALE	比例缩放
BR	* BREAK	打断
CHA	* CHAMFER	倒角
F	* FILLET	倒圆角
PE	* PEDIT	多段线编辑
ED	* DDEDIT	修改文本
G	* GROUP	编组

5) 尺寸标注快捷命令

尺寸标注快捷命令如表 11.5 所示。

表 11.5 尺寸标注快捷命令

快 捷 命 令	命 令	说 明
DLI	* DIMLINEAR	直线标注
DAL	* DIMALIGNED	对齐标注
DRA	* DIMRADIUS	半径标注
DDI	* DIMDIAMETER	直径标注
DAN	* DIMANGULAR	角度标注
DCE	* DIMCENTER	中心标注
DOR	* DIMORDINATE	点标注
TOL	* TOLERANCE	标注形位公差
LE	* QLEADER	快速引出标注
DBA	* DIMBASELINE	基线标注
DCO	* DIMCONTINUE	连续标注
D	* DIMSTYLE	标注样式
DED	* DIMEDIT	编辑标注
DOV	* DIMOVERRIDE	替换标注系统变量

6) 常用 Ctrl 快捷键

常用 Ctrl 快捷键如表 11.6 所示。

表 11.6 常用 Ctrl 快捷键

快 捷 键	命 令	说 明
Ctrl＋O	* OPEN	打开文件
Ctrl＋1	* PROPERTIES	修改特性
Ctrl＋2	* ADCENTER	设计中心
Ctrl＋3		调用工具栏
Ctrl＋N、M	* NEW	新建文件
Ctrl＋P	* PRINT	打印文件
Ctrl＋S	* SAVE	保存文件
Ctrl＋Z	* UNDO	放弃
Ctrl＋X	* CUTCLIP	剪切

快 捷 键	命 令	说 明
Ctrl+C	* COPYCLIP	复制
Ctrl+V	* PASTECLIP	粘贴
Ctrl+B	* SNAP	栅格捕捉
Ctrl+F	* OSNAP	对象捕捉
Ctrl+G	* GRID	栅格
Ctrl+L	* ORTHO	正交
Ctrl+W	SELECTIONCYCLIN	对象追踪
Ctrl+U	F10	极轴
Ctrl+Shift+S	* SAVE AS	另存为

2. 常用功能键

常用功能键如表 11.7 所示。

表 11.7　常用功能键

功 能 键	命 令	说 明
F1	* HELP	帮助
F2		文本窗口
F3	* OSNAP	对象捕捉
F7	* GRIP	栅格
F8	* ORTHO	正交

3. 常用 Alt+数字输入快捷键

常用 Alt+数字输入快捷键如表 11.8 所示。

表 11.8　常用 Alt+数字输入快捷键

快 捷 键	符 号	说 明
Alt+176	°	度
Alt+177	±	正负
Alt+178	^{2}	平方
Alt+179	^{3}	3 次方
Alt+188	1/4	四分之一次方
Alt+189	1/2	二分之一次方

快 捷 键	符 号	说 明
Alt+215	×	乘号
Alt+248	ϕ	直径符号

4. 代码输入法

代码输入法如表 11.9 所示。

表 11.9 代码输入法

代 码	符 号	说 明
％％0～32	空号	
％％33	!	
％％34	"	双引号
％％35	#	
％％36	$	
％％37	％	
％％38	&	
％％39	'	单引号
％％40	(	左括号
％％41	)	右括号
％％42	*	星号
％％43	+	加号
％％44	,	逗号
％％45	—	减号
％％46	。	句号
％％47	/	除号
％％48～57	0～9	数字 0～9
％％58	:	冒号
％％59	;	分号
％％60	<	小于号
％％61	=	等于号
％％62	>	大于号
％％63	?	问号
％％64	@	地址符
％％65～90	A～Z	26 个大写字母
％％91	[	

代　码	符　号	说　明
％％92	\	反斜杠
％％93	〕	
％％94	∧	
％％95	_	
％％96	'	单引号
％％97	～	
％％123	｛	左大括号
％％124	｜	
％％125	｝	右大括号
％％126	～	
％％127	°	度
％％128	±	
％％129	φ	
％％130	α	
％％131	β	
％％132	δ	
％％133	i	
％％134～137		空号
％％138	0	（上标）
％％139	1	（上标）
％％140	2	（上标）
％％141	3	（上标）
％％148	9	（上标）
％％149～157	数字 1～9	字体偏小
％％158～162	空号	
％％163	▽	上三角
％％164	△	下三角
％％165～200		空号
％％c	φ	直径
％％d	°	度
％％p	±	正负号
％％u	‾	下画线
％％o	‾	上画线

习题

1. 利用快捷命令输入方式,绘制如图 11.2 所示的零件图。

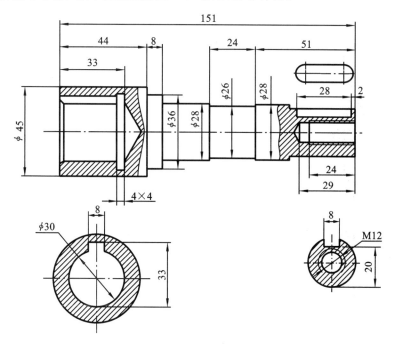

图 11.2 题 1 图

2. 利用快捷命令输入方式,绘制如图 11.3 所示的零件图。

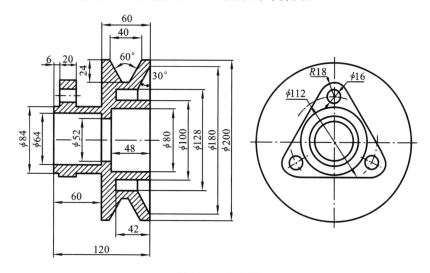

图 11.3 题 2 图

专 项 训 练

1. 用AutoCAD绘图，并标注。

比例	
图号	
(校 名)	

材料		
数量		

(图 名)		
制图	(姓名)	(日期)
审核	(姓名)	(日期)

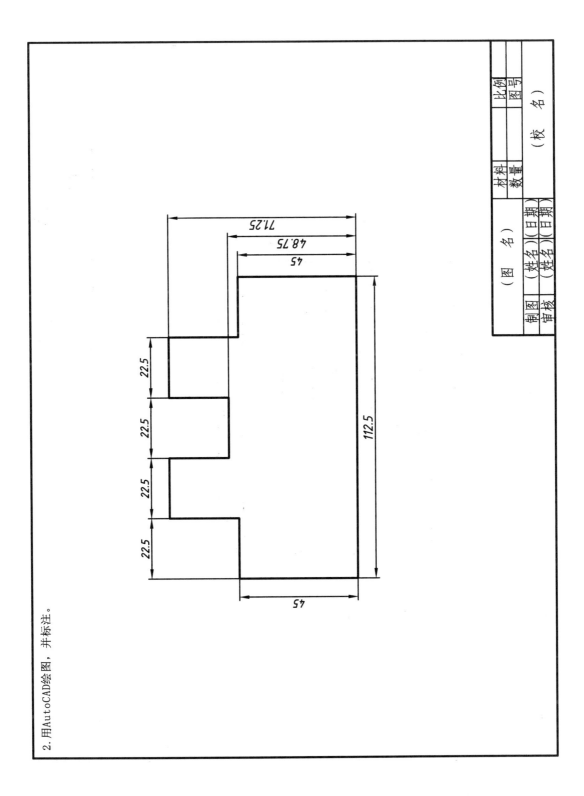

2. 用AutoCAD绘图，并标注。

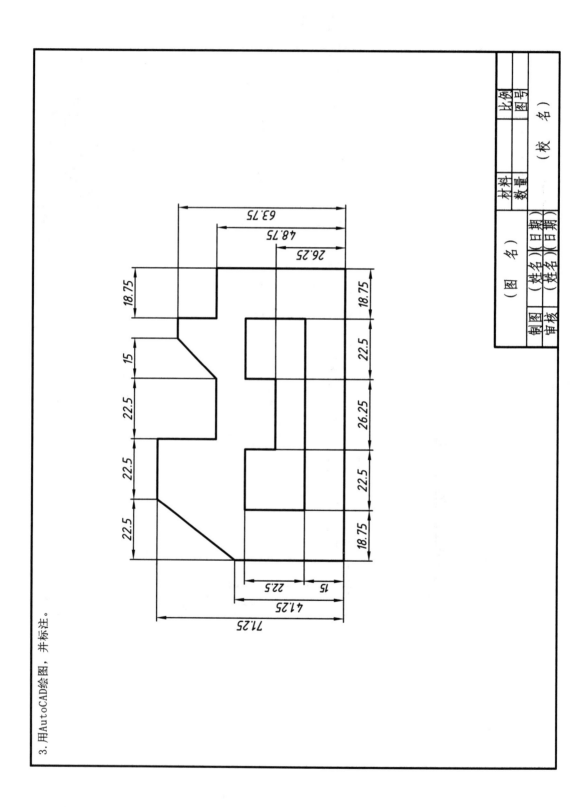

3. 用AutoCAD绘图，并标注。

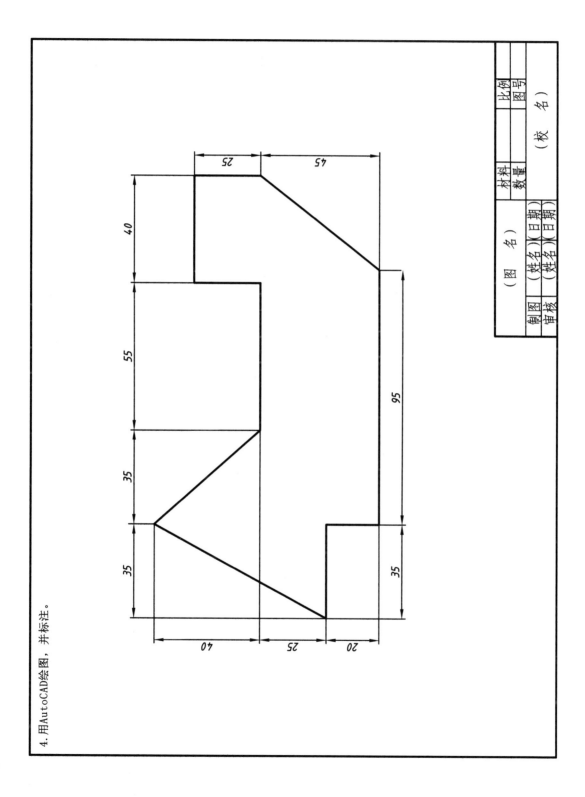

4. 用AutoCAD绘图，并标注。

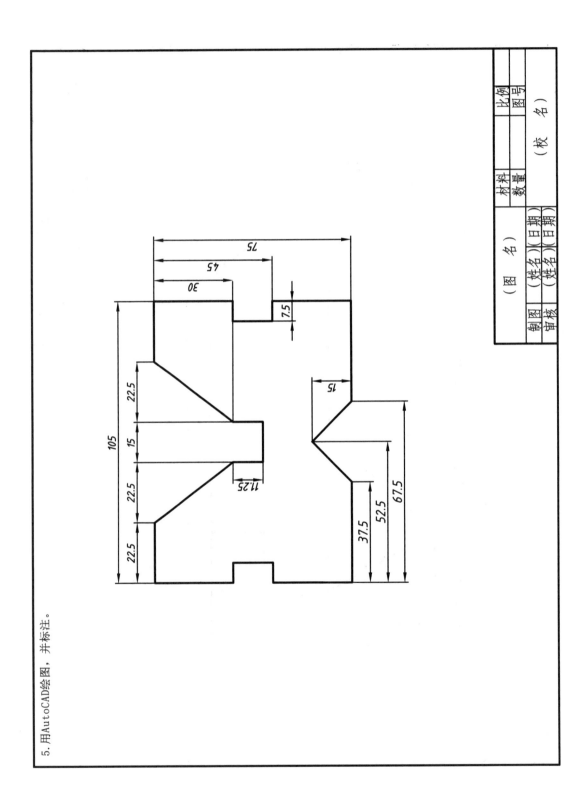

5. 用AutoCAD绘图，并标注。

6. 用AutoCAD绘图，并标注。

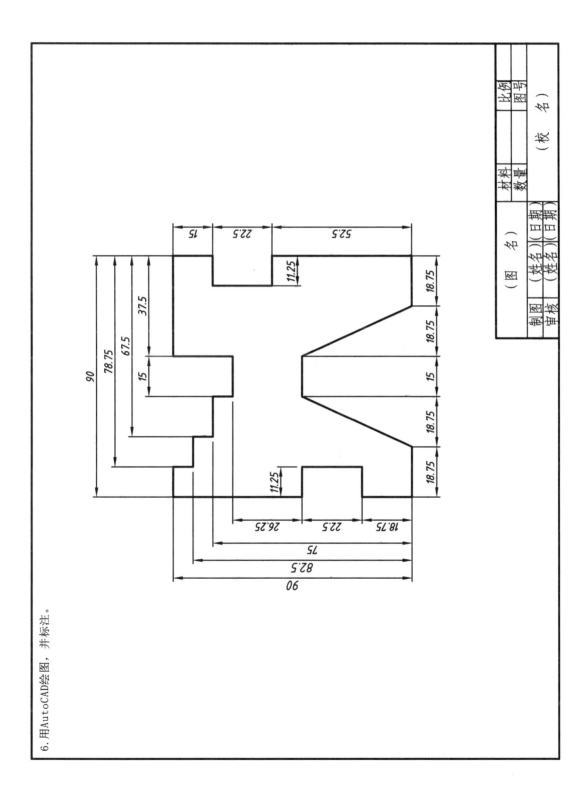

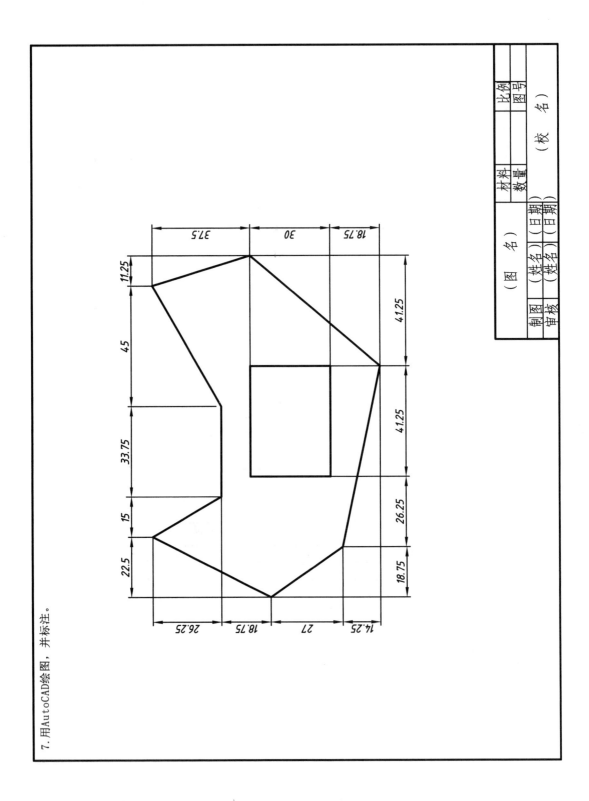

7. 用AutoCAD绘图，并标注。

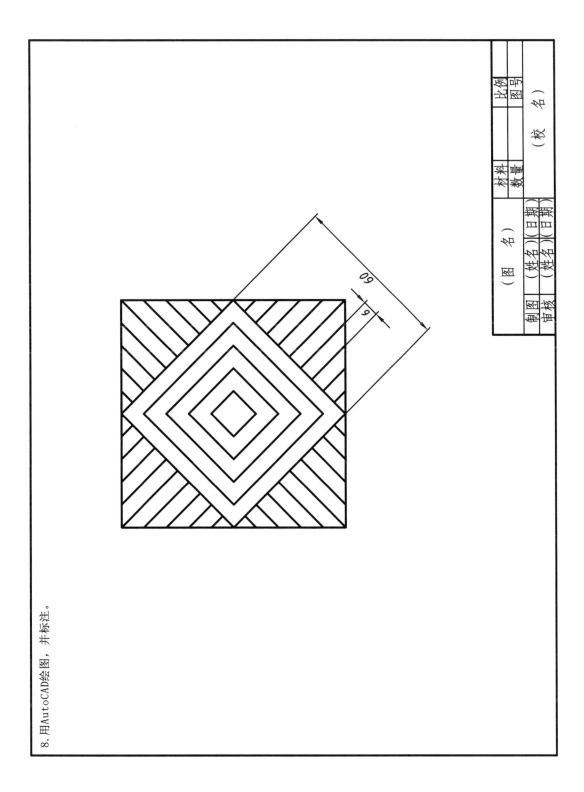

8. 用AutoCAD绘图, 并标注。

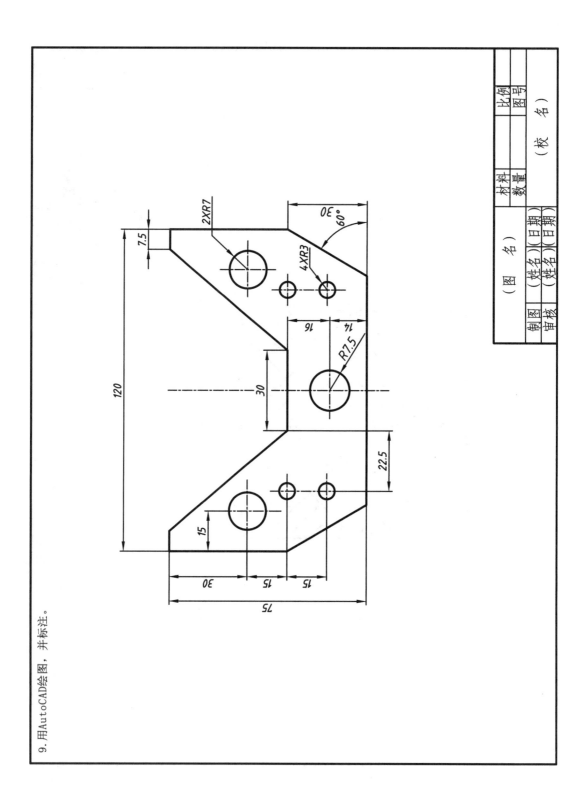

9. 用AutoCAD绘图，并标注。

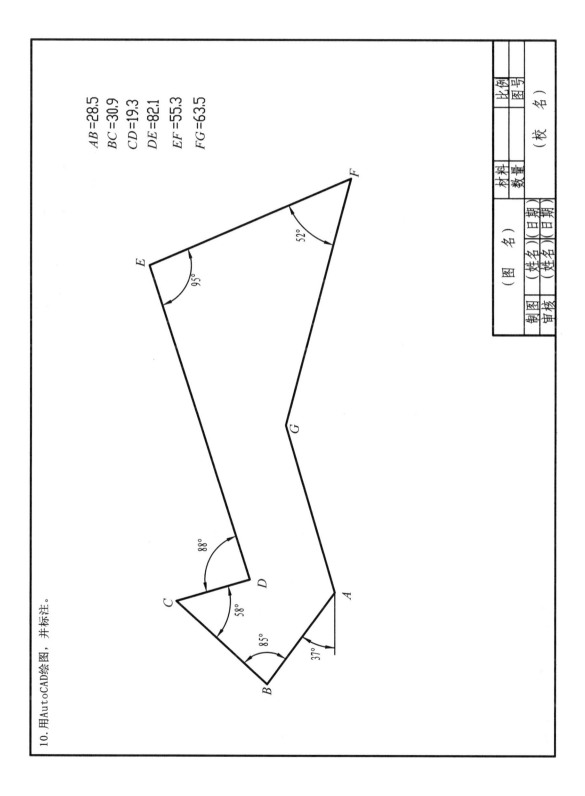

10. 用AutoCAD绘图，并标注。

AB =28.5
BC =30.9
CD =19.3
DE =82.1
EF =55.3
FG =63.5

	比例		
	图号		

| （图　名） | | | | （校　名） |

	材料	（姓名）	（日期）
	数量	（姓名）	（日期）
制图			
审核			

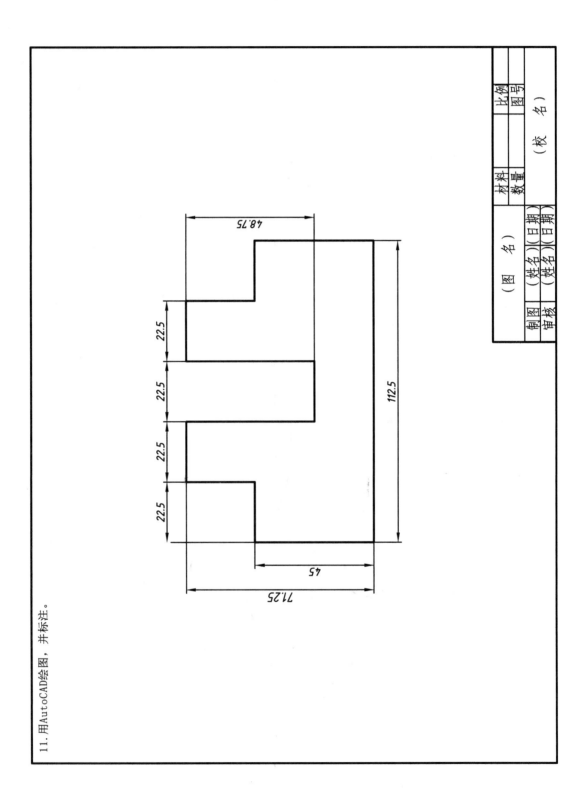

11. 用AutoCAD绘图，并标注。

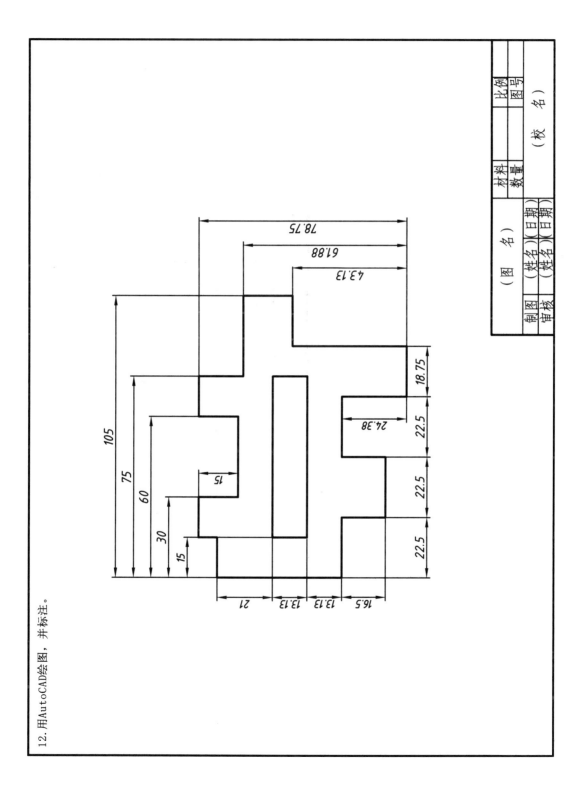

12. 用AutoCAD绘图，并标注。

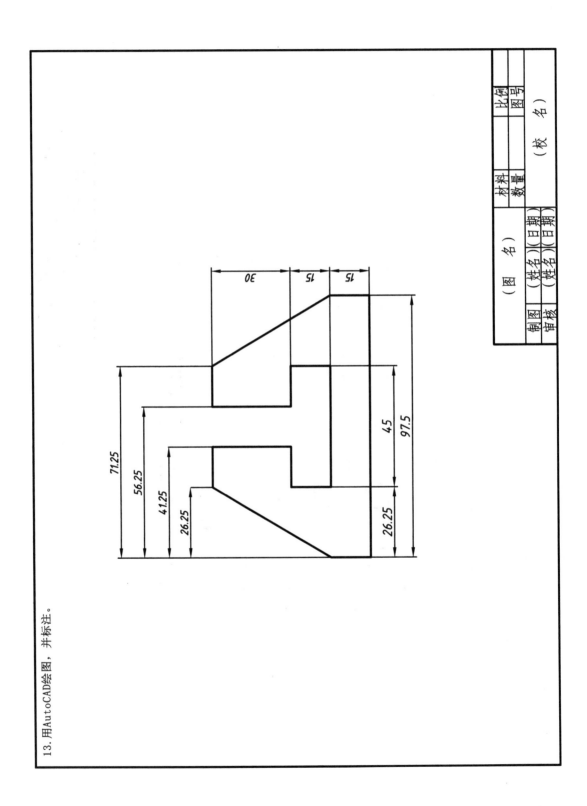

13. 用AutoCAD绘图，并标注。

14. 用AutoCAD绘图，并标注。

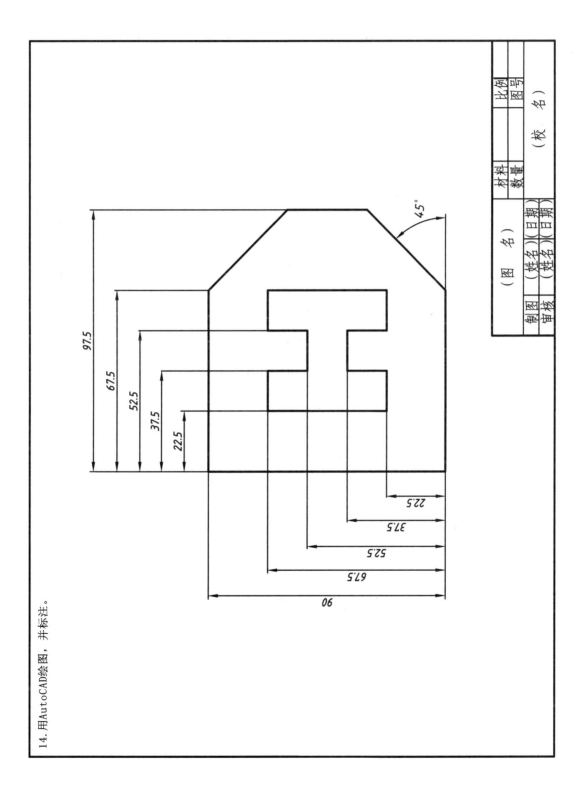

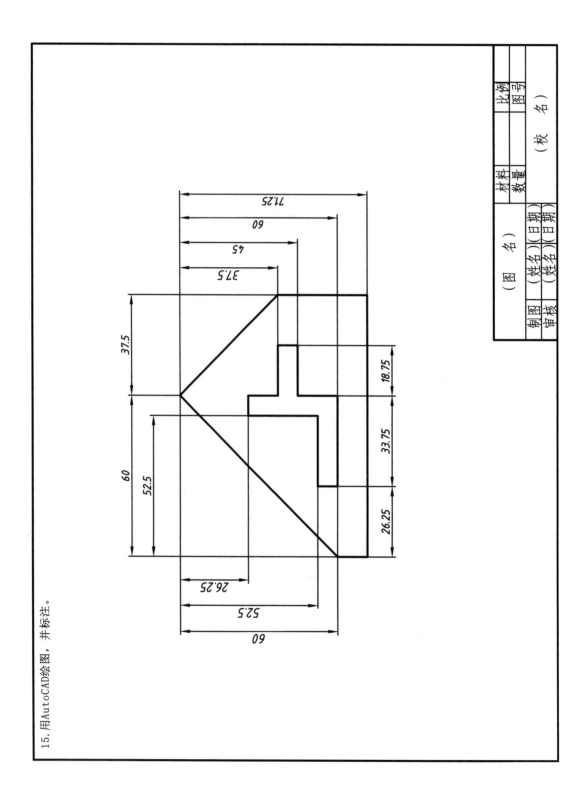

15. 用AutoCAD绘图，并标注。

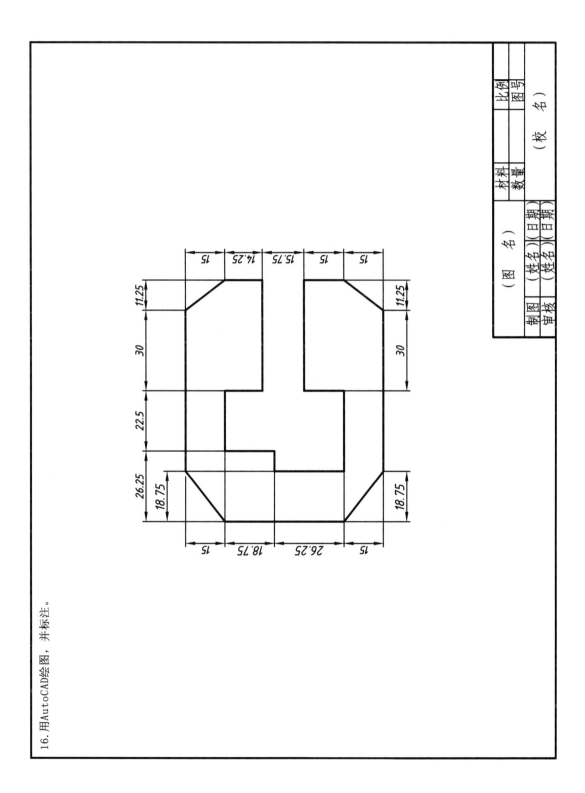

16. 用AutoCAD绘图，并标注。

专项训练

227

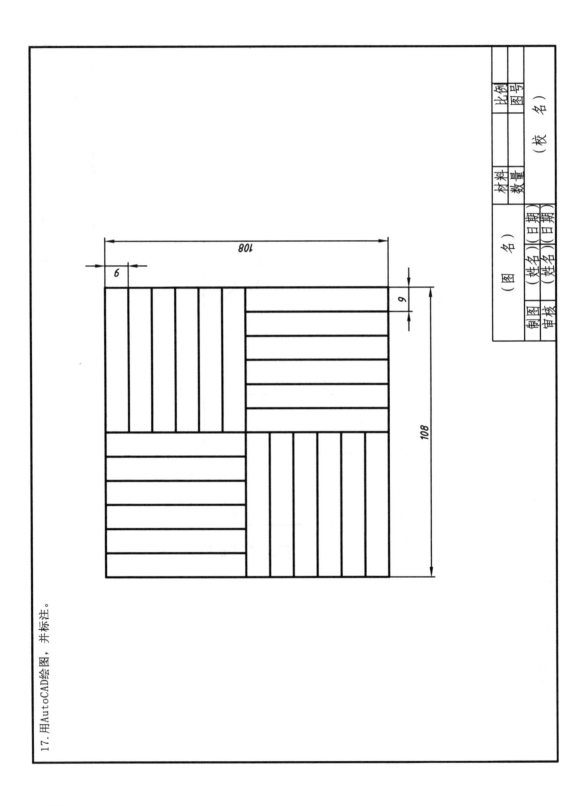

17. 用AutoCAD绘图，并标注。

18. 用AutoCAD绘图，并标注。

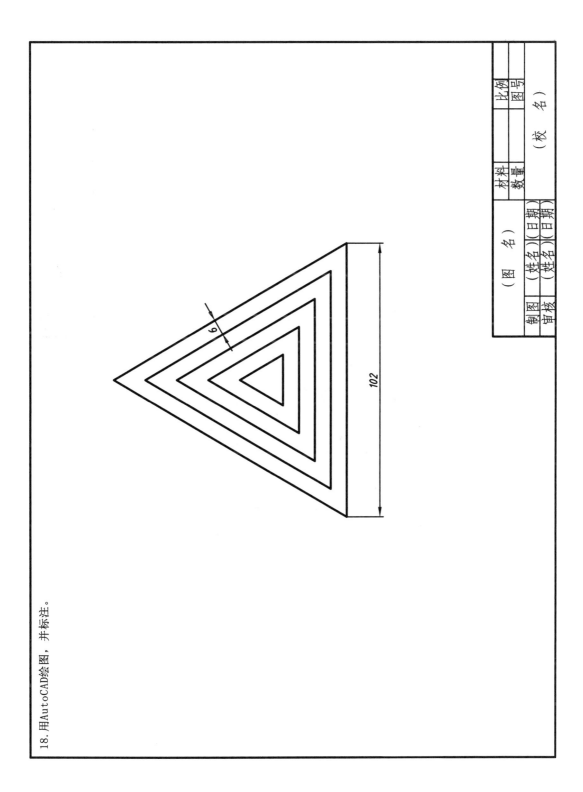

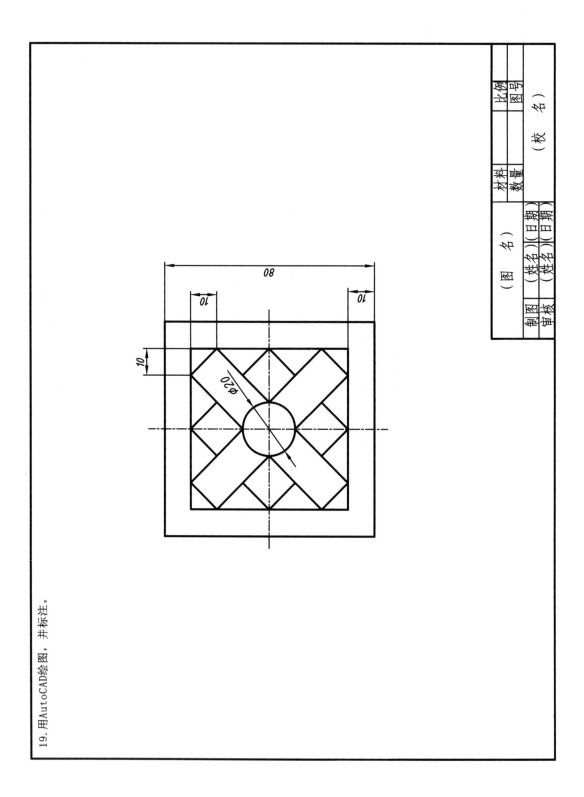

19. 用AutoCAD绘图，并标注。

20. 用AutoCAD绘图，并标注。

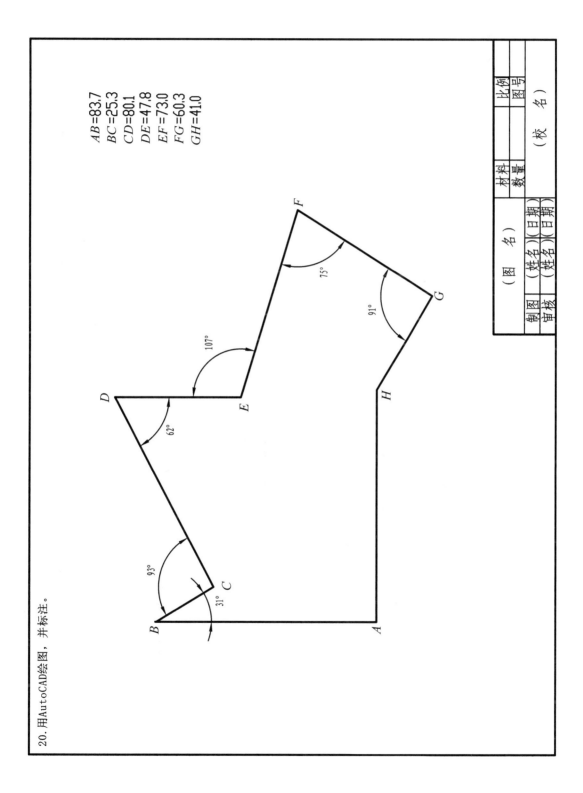

AB=83.7
BC=25.3
CD=80.1
DE=47.8
EF=73.0
FG=60.3
GH=41.0

	比例		
	图号		
材料		（校　名）	
数量			
（图　名）		制图	（姓名）（日期）
		审核	（姓名）（日期）

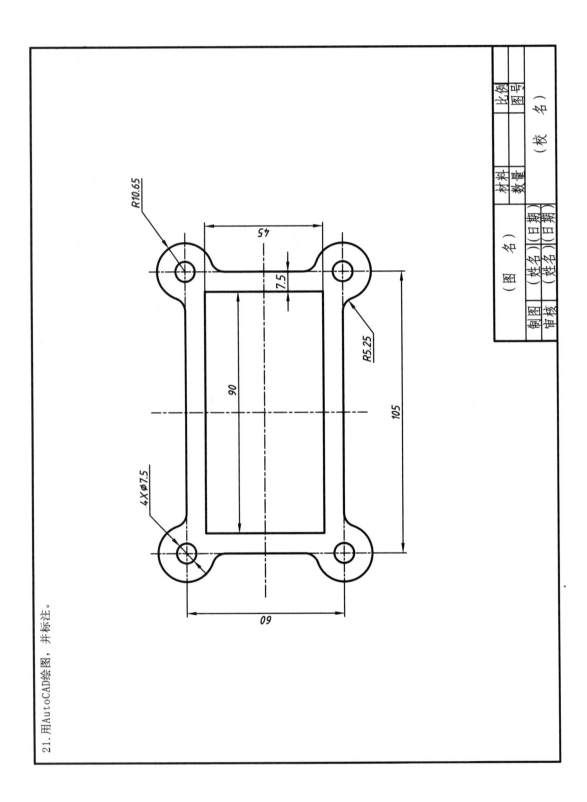

21. 用AutoCAD绘图，并标注。

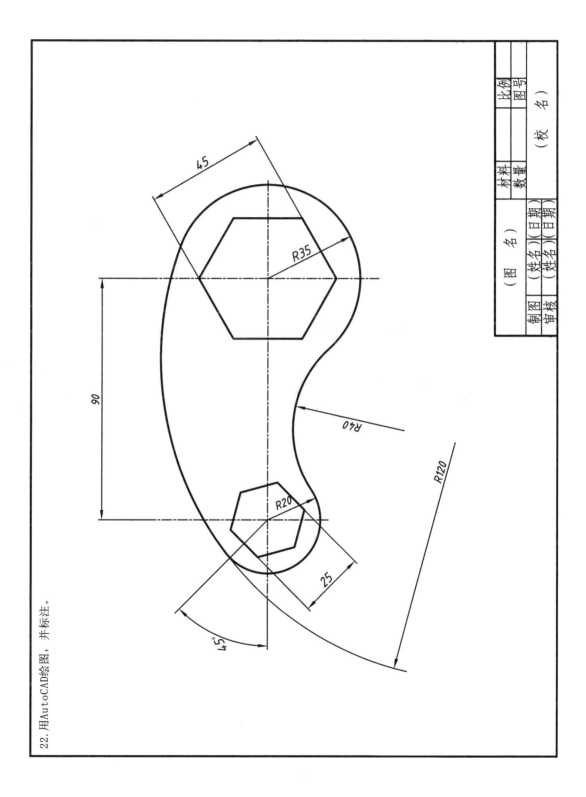

22. 用AutoCAD绘图，并标注。

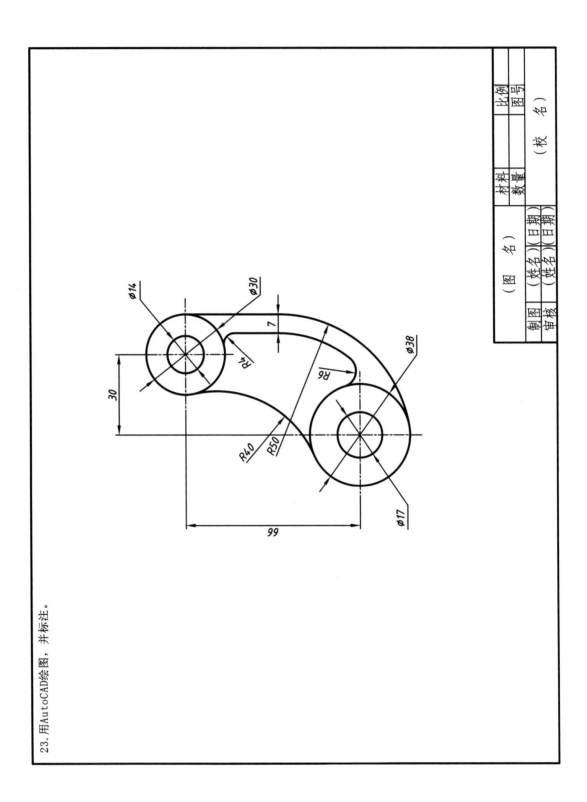

23. 用AutoCAD绘图，并标注。

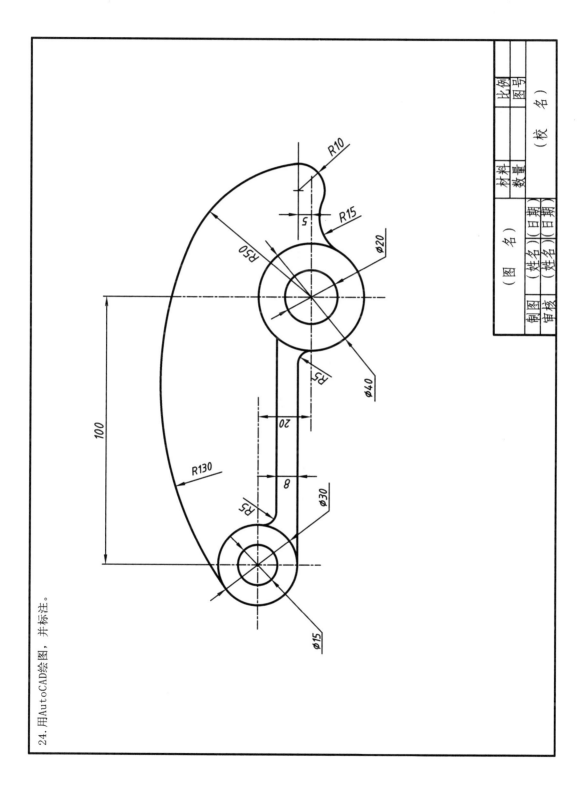

24. 用AutoCAD绘图，并标注。

专项训练

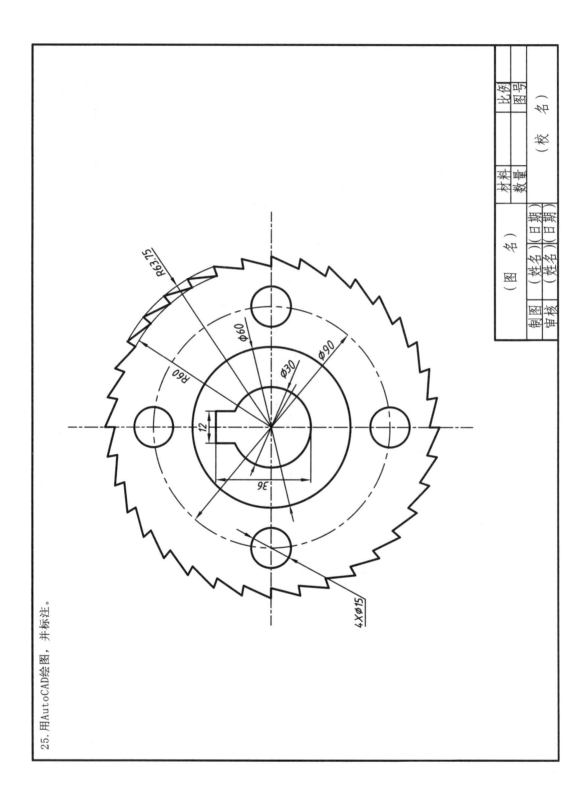

25. 用AutoCAD绘图，并标注。

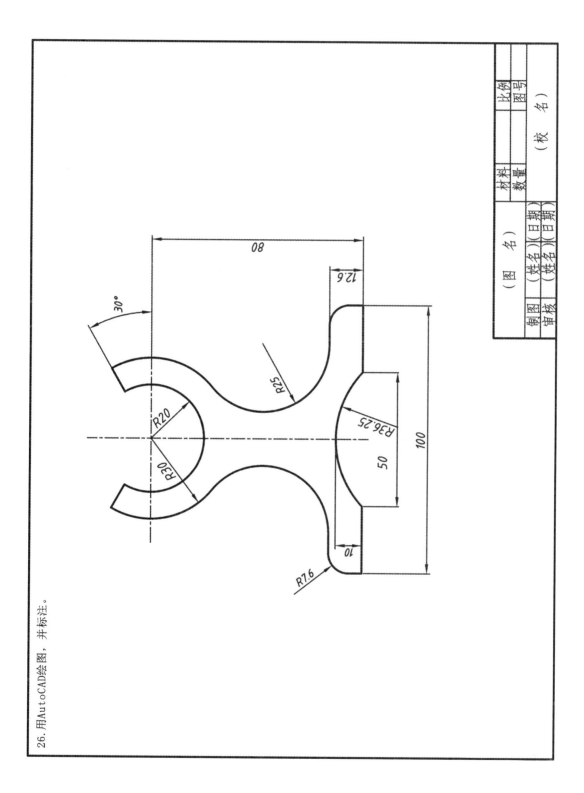

26. 用AutoCAD绘图，并标注。

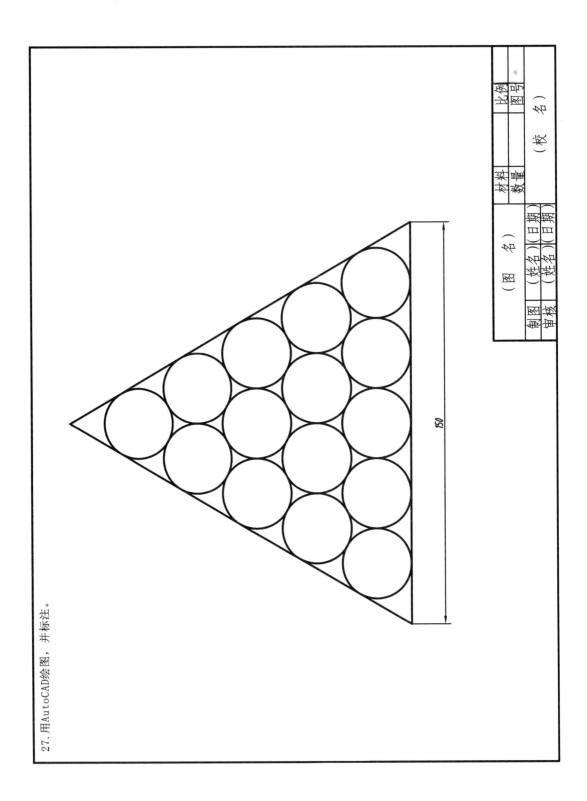

27. 用 AutoCAD 绘图，并标注。

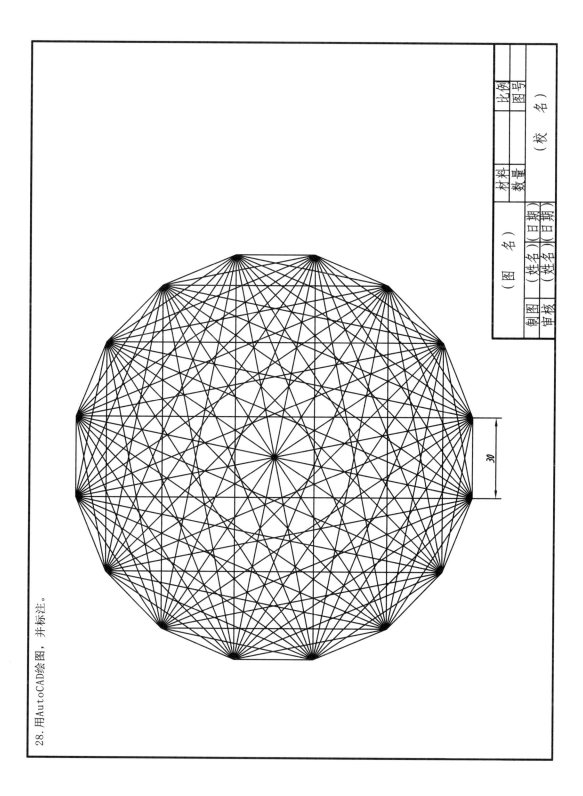

28. 用AutoCAD绘图, 并标注。

30

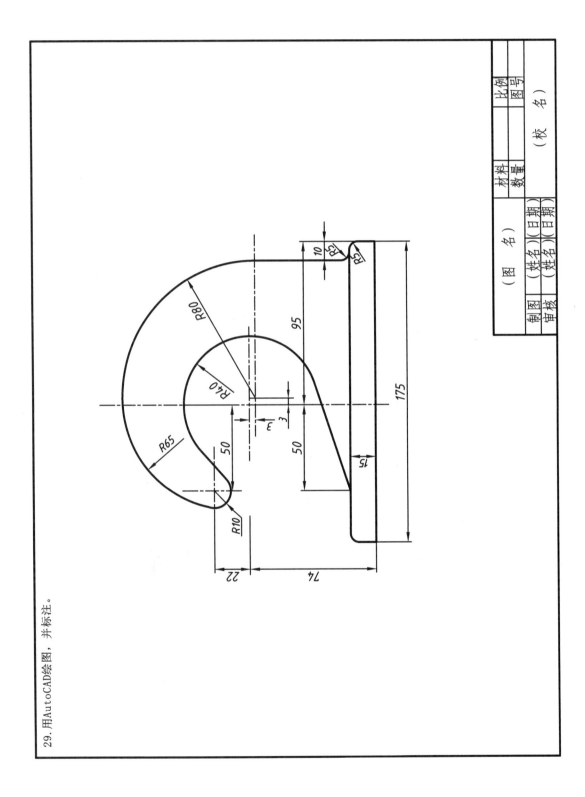

29. 用AutoCAD绘图，并标注。

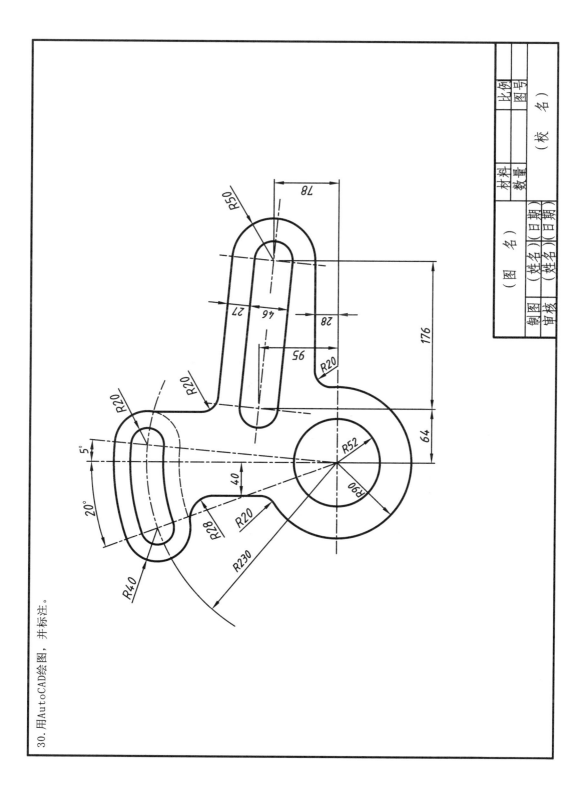

30. 用AutoCAD绘图，并标注。

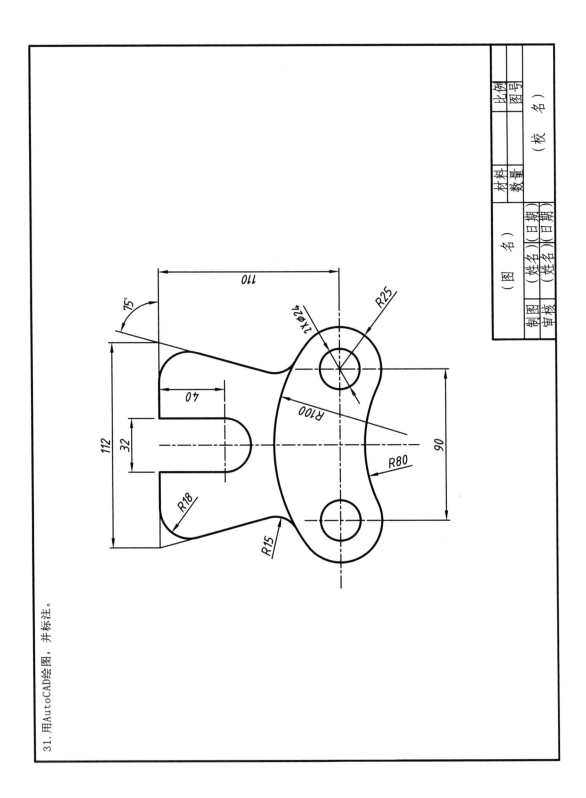

31. 用AutoCAD绘图，并标注。

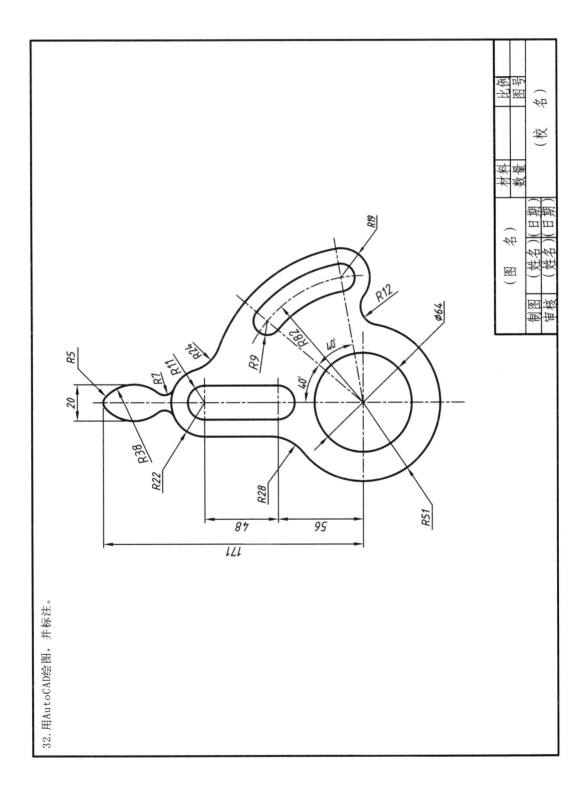

32. 用AutoCAD绘图，并标注。

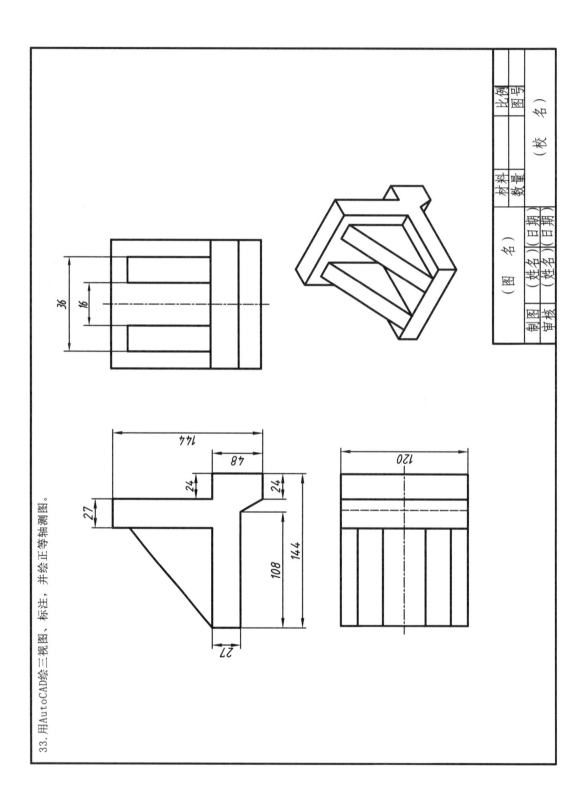

33. 用AutoCAD绘三视图、标注，并绘正等轴测图。

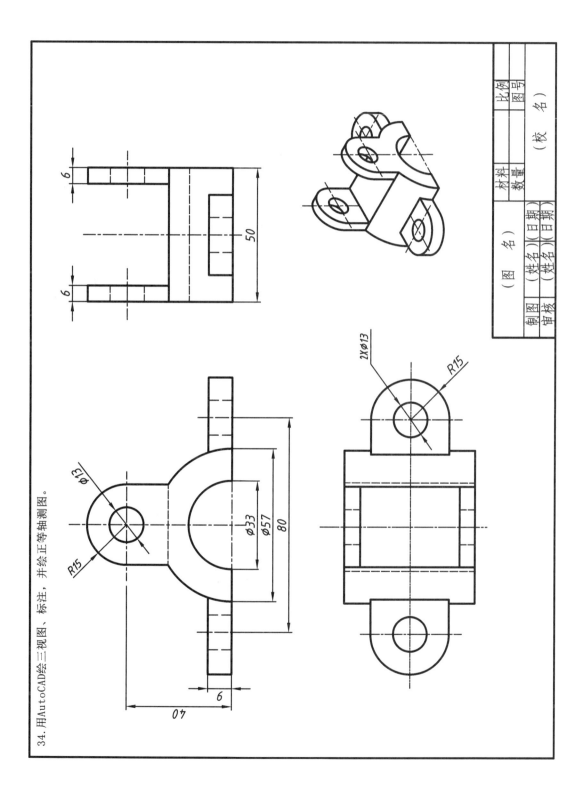

34. 用AutoCAD绘三视图、标注，并绘正等轴测图。

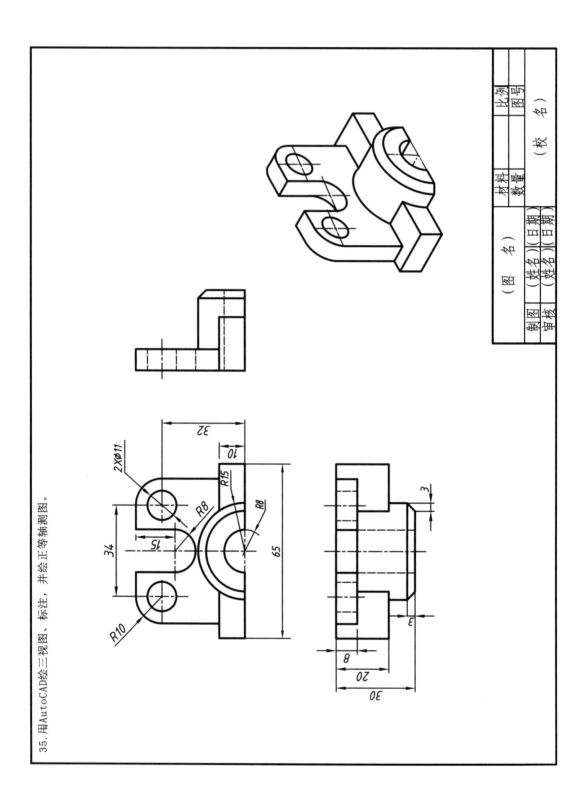

35. 用AutoCAD绘三视图、标注，并绘正等轴测图。

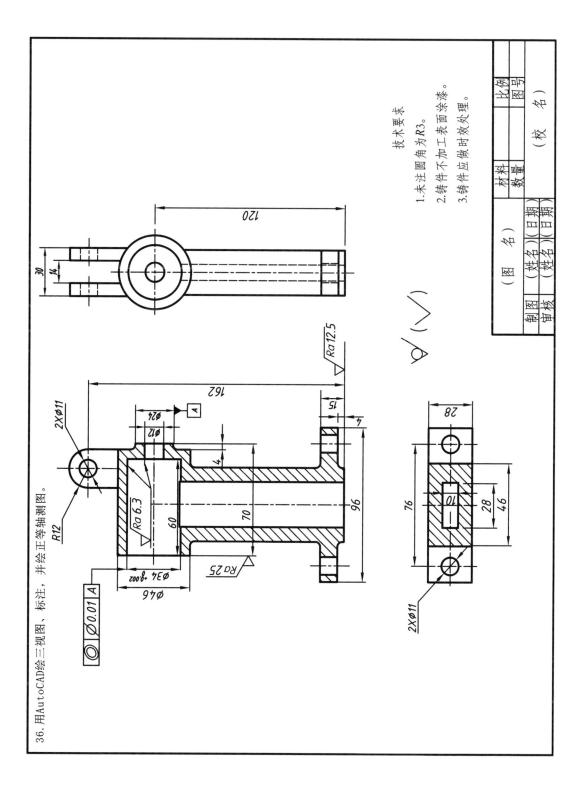

36. 用AutoCAD绘三视图、标注，并绘正等轴测图。

技术要求

1.未注圆角为R3。

2.铸件不加工表面涂漆。

3.铸件应做时效处理。

专项训练

· 247 ·

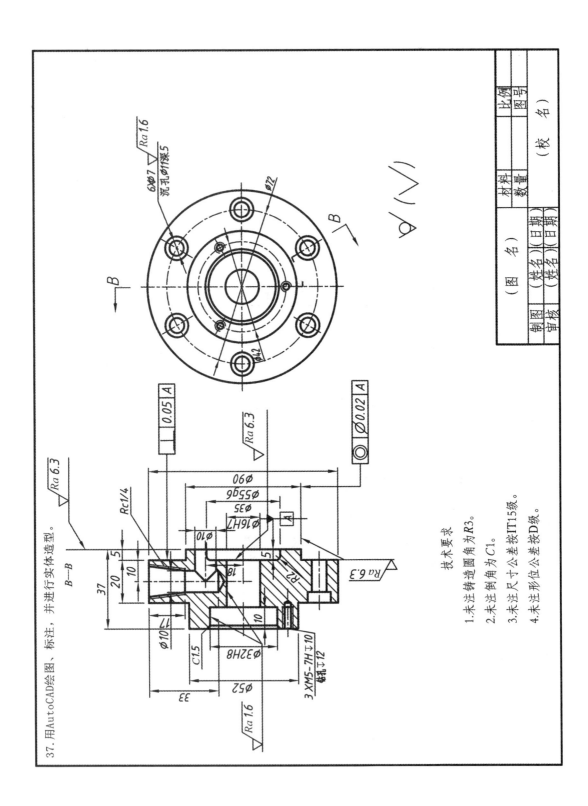

37. 用AutoCAD绘图、标注，并进行实体造型。

技术要求

1.未注铸造圆角为R3。

2.未注倒角为C1。

3.未注尺寸公差按IT15级。

4.未注形位公差按D级。

专项训练

38. 用AutoCAD绘图、标注，并进行实体造型。

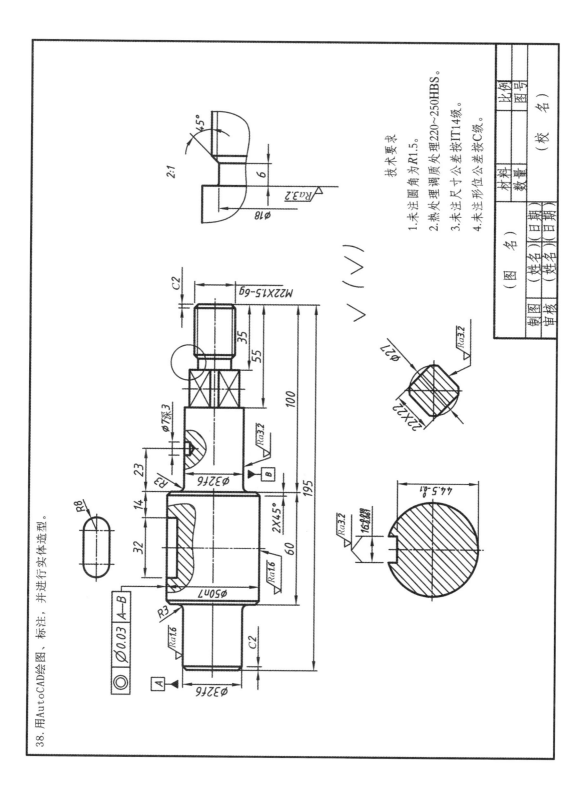

技术要求

1. 未注圆角为R1.5。
2. 热处理调质处理220~250HBS。
3. 未注尺寸公差按IT14级。
4. 未注形位公差按C级。

39. 用AutoCAD绘图、标注、并进行实体造型。

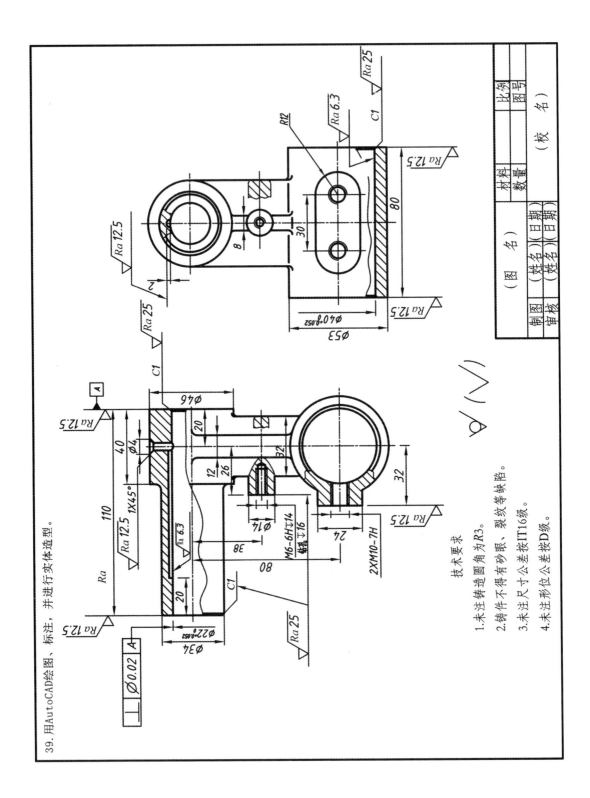

技术要求
1. 未注铸造圆角为R3。
2. 铸件不得有砂眼、裂纹等缺陷。
3. 未注尺寸公差按IT16级。
4. 未注形位公差按D级。

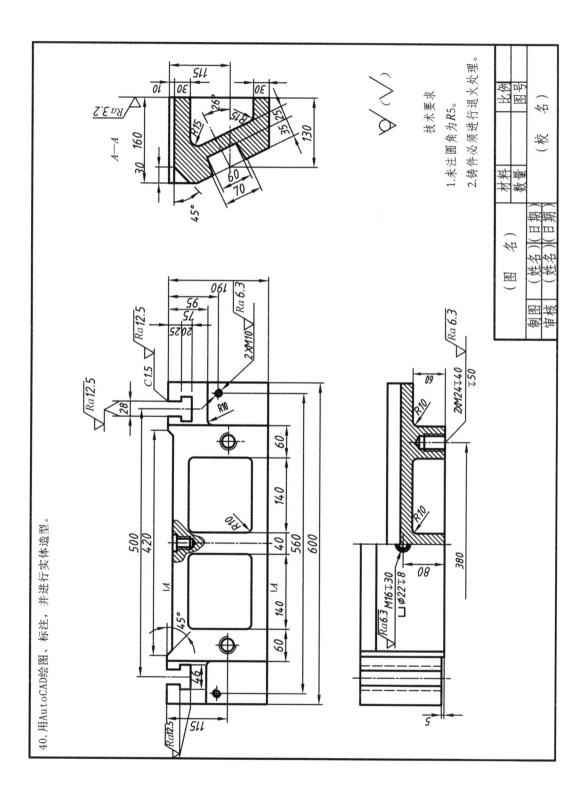

40. 用AutoCAD绘图、标注，并进行实体造型。

技术要求
1. 未注圆角为R5。
2. 铸件必须进行退火处理。

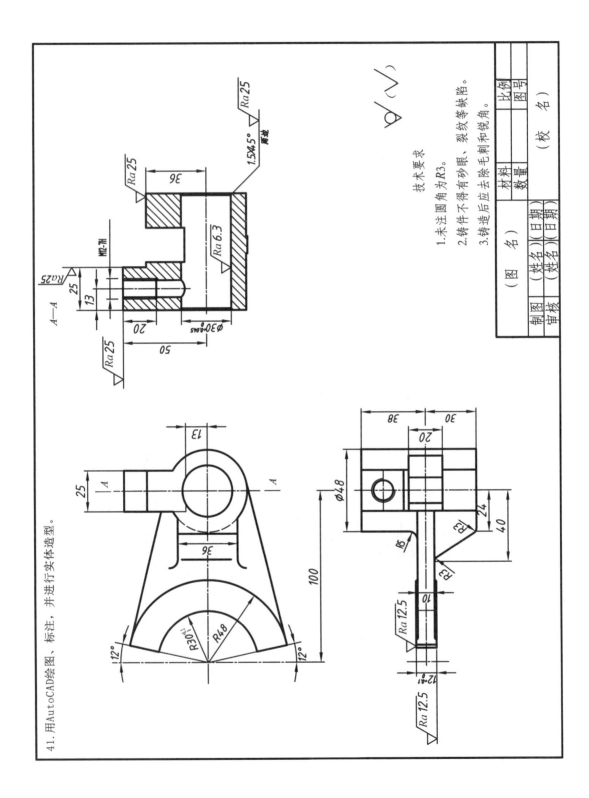

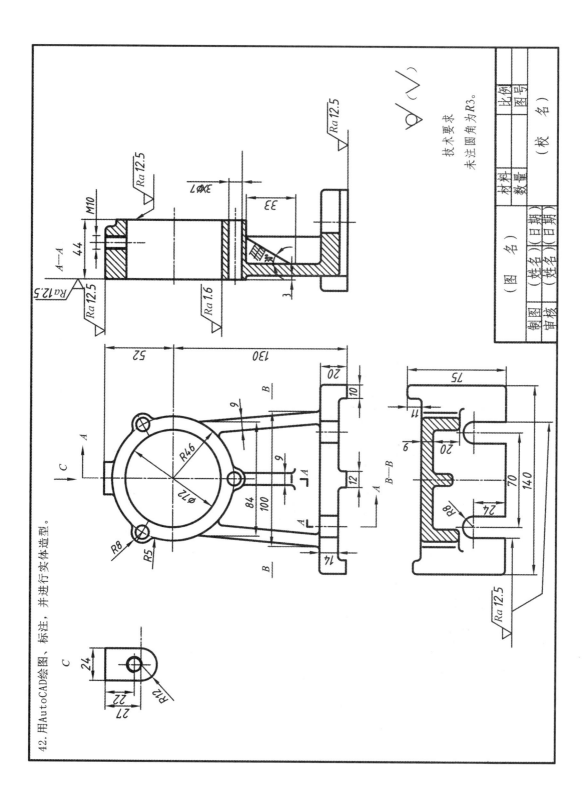

42. 用AutoCAD绘图、标注、并进行实体造型。

技术要求

未注圆角为R3。

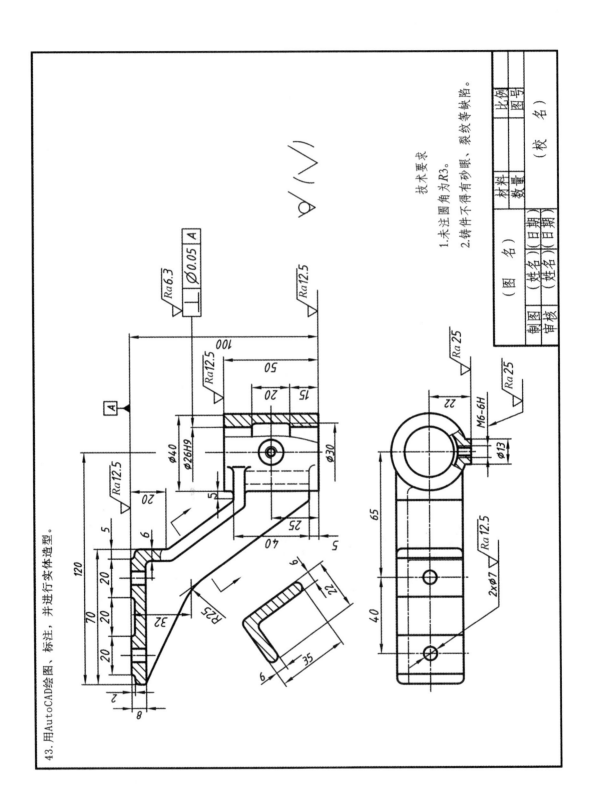

43. 用AutoCAD绘图、标注，并进行实体造型。

技术要求
1.未注圆角为R3。
2.铸件不得有砂眼、裂纹等缺陷。

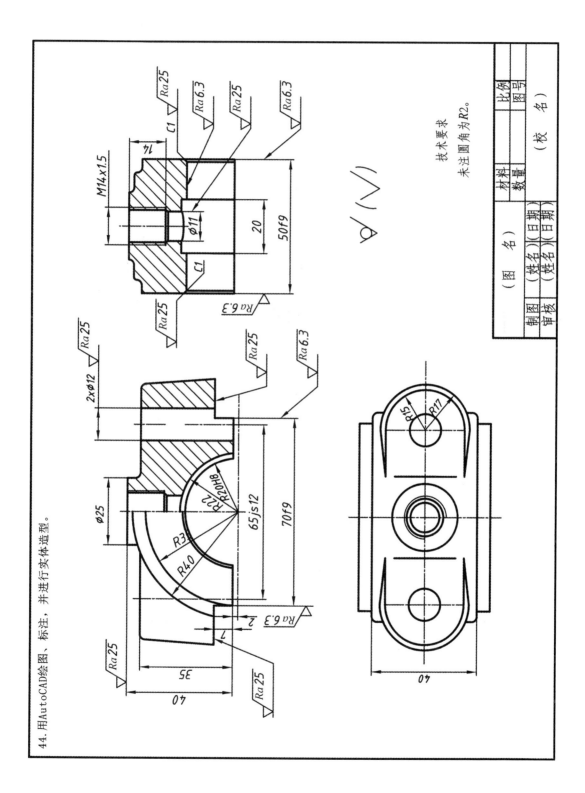

44. 用AutoCAD绘图、标注，并进行实体造型。

专项训练

技术要求
未注圆角为R2。

· 255 ·

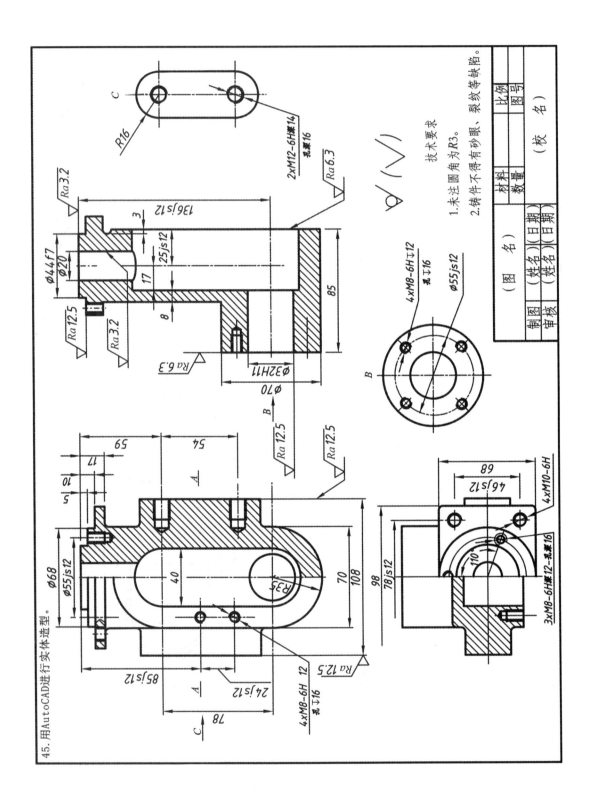

45. 用AutoCAD进行实体造型。

46. 用AutoCAD绘图、标注，并进行实体造型。

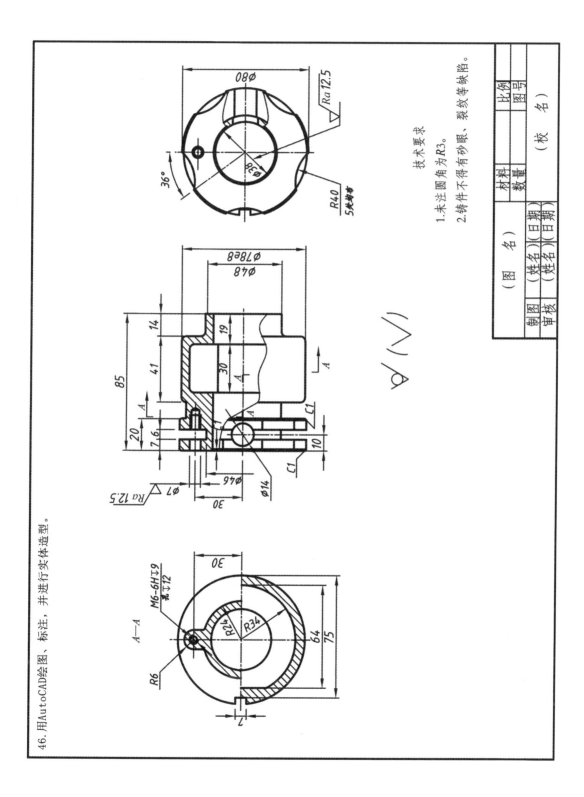

技术要求

1. 未注圆角为R3。
2. 铸件不得有砂眼、裂纹等缺陷。

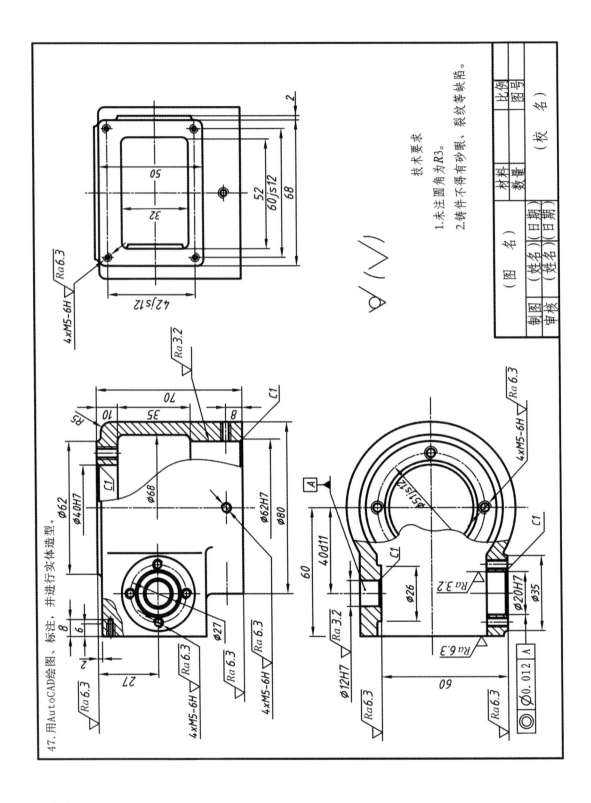

47. 用AutoCAD绘图、标注，并进行实体造型。

技术要求
1. 未注圆角为R3。
2. 铸件不得有砂眼、裂纹等缺陷。

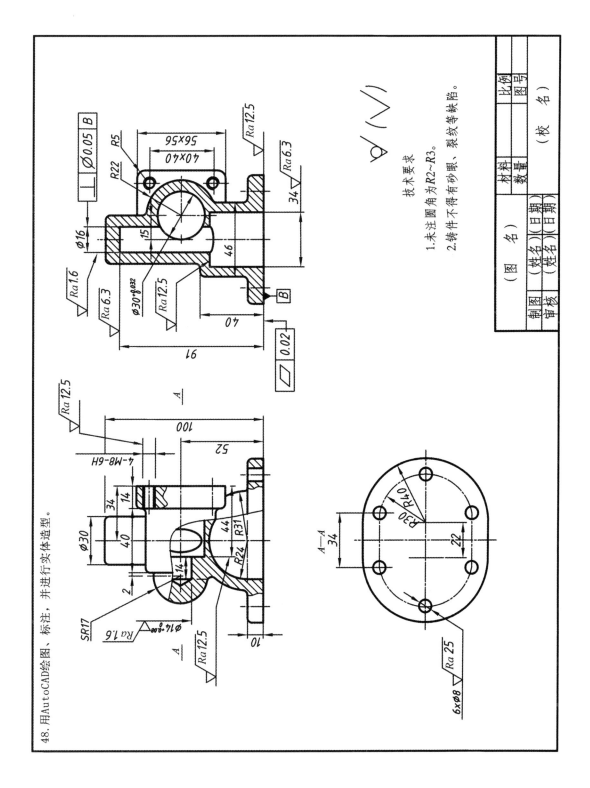

48. 用AutoCAD绘图、标注，并进行实体造型。

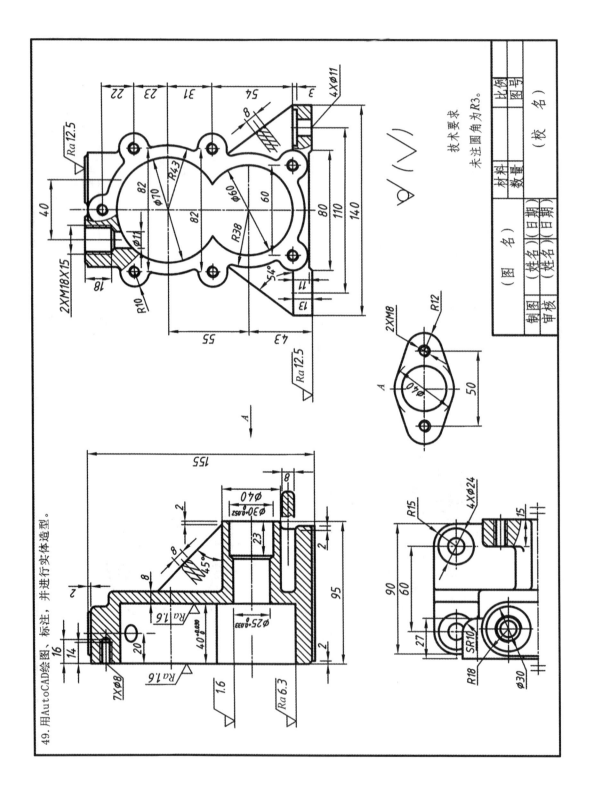

49. 用AutoCAD绘图，标注，并进行实体造型。

技术要求
未注圆角为R3。

50. 用AutoCAD绘图、标注，并进行实体造型。

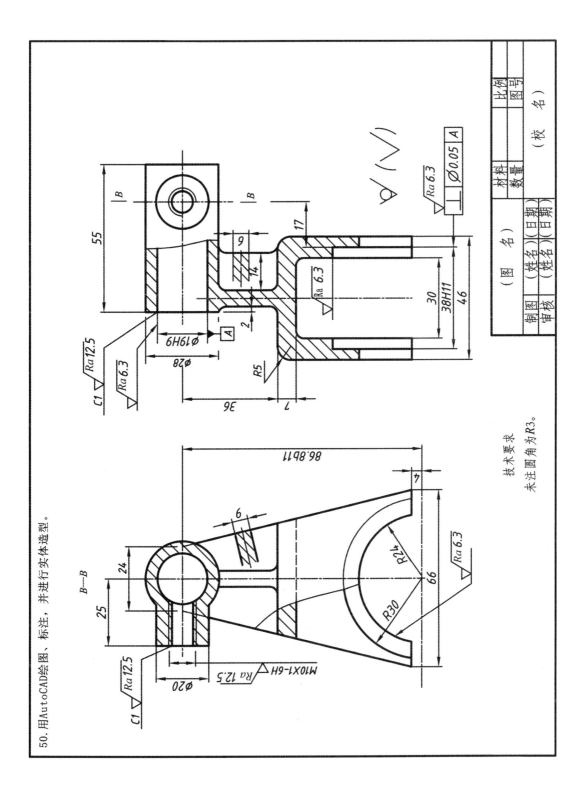

技术要求

未注圆角为R3。

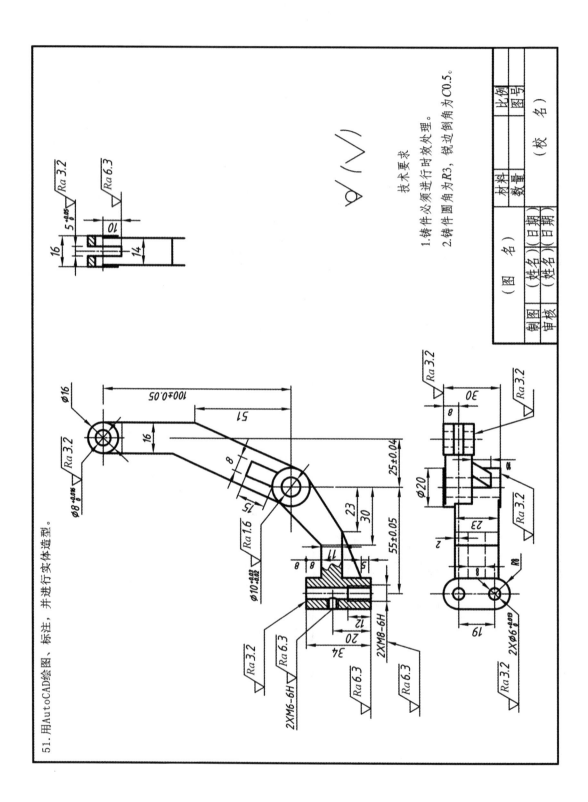

51. 用AutoCAD绘图、标注、并进行实体造型。

技术要求
1. 铸件必须进行时效处理。
2. 铸件圆角为R3, 锐边倒角为C0.5。

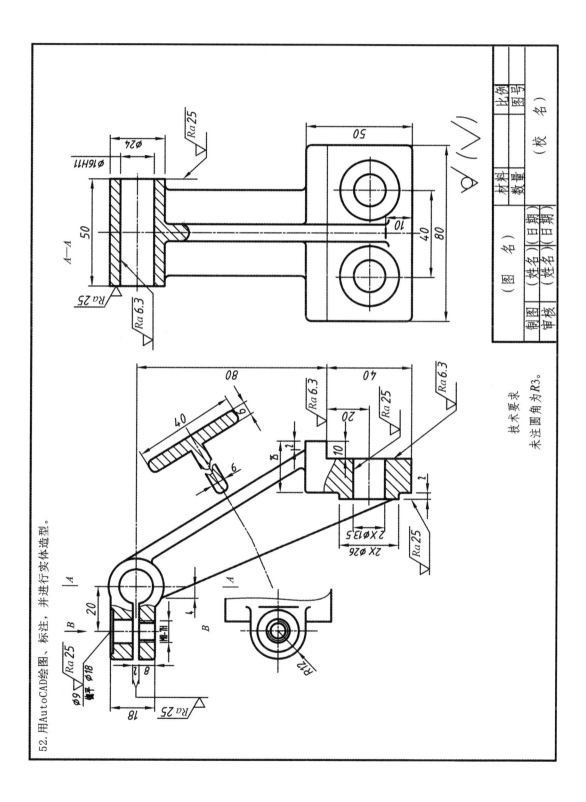

52. 用AutoCAD绘图、标注、并进行实体造型。

参 考 文 献

[1] 崔洪斌.AutoCAD 中文版实用教程[M].北京:人民邮电出版社,2012.

[2] 周建国.AutoCAD 2006 基础与典型应用一册通(中文版)[M].北京:人民邮电出版社,2006.

[3] 侯玉荣.计算机绘图实例教程[M].武汉:华中科技大学出版社,2012.

[4] 李宏.AutoCAD 2009 机械绘图[M].北京:机械工业出版社,2010.

[5] 杨雨松,刘娜.AutoCAD 2006 中文版实用教程[M].北京:化学工业出版社,2006.